湖南省生态环境监测行业专业技术人员培训统一教材

环境监测质量控制技术手册

曾恬静　黄河仙　齐勇刚　主编

湘潭大学出版社
XIANGTAN UNIVERSITY PRESS

图书在版编目（CIP）数据

环境监测质量控制技术手册 / 曾恬静，黄河仙，齐勇刚主编. -- 湘潭 : 湘潭大学出版社，2023.7
ISBN 978-7-5687-1255-2

Ⅰ. ①环… Ⅱ. ①曾… ②黄… ③齐… Ⅲ. ①环境监测－质量控制－技术手册 Ⅳ. ① X83-62

中国国家版本馆 CIP 数据核字（2023）第 180792 号

环境监测质量控制技术手册

HUANJING JIANCE ZHILIANG KONGZHI JISHU SHOUCE

曾恬静　黄河仙　齐勇刚　主编

责任编辑： 丁立松
封面设计： 张丽莉
出版发行： 湘潭大学出版社
社　　址： 湖南省湘潭大学工程训练大楼
电　　话： 0731-58298960 0731-58298966（传真）
邮　　编： 411105
网　　址： http://press.xtu.edu.cn/
印　　刷： 长沙鸿和印务有限公司
经　　销： 湖南省新华书店
开　　本： 787 mm×1092 mm 1/16
印　　张： 9
字　　数： 210 千字
版　　次： 2023 年 7 月第 1 版
印　　次： 2023 年 7 月第 1 次印刷
书　　号： ISBN 978-7-5687-1255-2
定　　价： 58.00 元

前　言

为贯彻落实中共中央办公厅、国务院办公厅《关于深化环境监测改革提高环境监测数据质量的意见》和湖南省委办公厅、省政府办公厅《关于深化生态环境监测改革推进生态环境监测现代化的实施意见》，提升我省县（市、区）生态环境监测站人员技术水平和质量意识，补短板，强弱项，规范生态环境监测工作流程，保证生态环境监测数据质量，提高生态环境监测数据公信力和权威性，结合我省县（市、区）生态环境监测站监测能力现状与需求，编写了《环境监测质量控制技术手册》（以下简称《手册》）。

《手册》立足工作实际，从基本概念、监测人员素质要求、仪器管理与定期检查、样品采集、样品交接流转、实验室分析、数据统计处理等环节的质量控制技术要求进行阐述。可供我省县（市、区）生态环境监测站使用和参考。

《手册》的编写是在省生态环境厅领导的亲切关怀和支持下，在省生态环境监测中心领导的精心组织与安排下，在各级生态环境部门和专家的支持和帮助下完成的，在此表示最诚挚的谢意！

由于受条件、实践经验及编写者水平所限，《手册》的内容不可避免地存在局限性及不成熟、不完善之处，恳请广大读者批评指正。

作　者

2023 年 8 月

目　录

1 背　景

生态环境监测是生态环境保护的重要基础，也是生态文明建设的重要支撑。生态环境监测数据直接影响环境质量的客观评价、环境管理与决策的实施，是生态环境监测工作的生命线。

我国的环境监测工作起步于20世纪70年代末，当时全国环境监测人员数量少、仪器装备简单、监测内容也只限于环境质量（大气和地面水）监测，而与之相应的监测质量保证并未贯穿于实际监测工作中，环境监测的质量保证与质量控制主要针对监测的点位布设、监测频次、分析方法的技术要求、仪器设备的校准和维护、数据处理等提出了明确规定。在实际工作中，大家关注更多的也只是实验室内的水质分析质控措施，各级环境监测机构质量保证与质量控制工作的开展并不均衡，执行情况也不尽相同，还处于刚起步的初级阶段。

20世纪90年代，随着各级环境监测机构的逐步建立以及监测能力的逐步加强和提高，我国开始有组织、较为系统地推进环境监测质量保证和质量控制工作，以普及质量保证和质量控制基本知识、制定环境监测技术规范、建立监测方法、研制和生产环境标准样品与质控样品为依托，以监测质控考核和技术培训为主线，逐步探索出一条具有中国特色的质量管理模式。我国环境监测的质量保证与质量控制工作在这个时期初具规模，环境管理、社会大众、监测机构本身的质量保证与质量控制意识正在逐渐形成。

进入21世纪，在全国环境监测技术和监测能力建设取得突飞猛进发展的基础上，环境监测的质量保证也发生了根本性的转变。首先，质量保证与质量控制从名称上逐步概括为“质量管理”，环境监测的质量管理在原有从主要监测环节实施质控措施的基础上更加强调和注重监测质量管理的系统性、全面性，是监测全程序的质量管理与要求。其次，通过近30多年计量认证评审的实施，环境监测系统的质量体系日臻完善与合理，质量体系的要求和规定已经覆盖了从监测任务的受理到监测工作的准备、监测的实施、结果的报出、对结果的反馈与申诉等各个环节，同时各级监测机构更加重视质量体系的执行和运用，将持续改进和不断完善的预防机制落在了实处。第三，我国的标准体系尤其是监测分析方法标准不断完善，仅“十三五”期间，国家就发行了305项新的环境监测标准，“十四五”规划中，正在制定的方法标准还有数百项，标准监测分析方法的制定一方面为环境监测的分析提供了技术依据，另一方面新标准在制定中不同程度地考虑了监测的质量管理，为监测质量管理的实施提供了保障。此外，部分环境监测机构对质量管理机构进行了单独设置，将有经验、素质高的人员充实到质量管理队伍中，加强了仪器设备的配置与日常校验，所有这些都是对环境监测质量管理的促进和保证。

生态环境监测质量控制是贯穿生态环境监测全过程的技术手段，是通过配套实施各种质量控制技术和管理规程而达到保证各个监测环节工作质量的目的。质量控制涉及采样要求、采样方法、样品容器、样品保存和管理、采样中的质量控制样品、样品流转交接等，也包含实验室的基础工作（方法的选定、纯水的纯化、仪器设备的定期检定等）、空白实验、检出限的测量、校准曲线的绘制和检验、平行样分析、加标样分析、绘制质量控制图、方法比对、仪器比对、实验室间比对、容器抽检等，各环节既分别独立，各有其重点所在，又相互关联而表现为监测工作的“全程序质量控制”。如何把握质量，怎样提升质量，什么环节起主导作用，能形成哪些影响，这些都将是本《手册》详细讨论的具体内容。

为全面保证监测结果的质量，除上述内容外，我们也注意到在很多监测机构内控制的功效并不完全决定于质量控制程序的优劣，也表现为监测人员的技术水平和责任感程度的高低，因为任何好的分析方法、实验条件、环境状况以及优良的质量控制程序都是由人去执行完成的。同时，还有日益普及的线上平台操作质量控制，都需要建立科学、有效的管理规章制度，这些都是施行质量保证不可轻视的重要内容。

2 监测人员素质要求

人员管理应确保监测机构具有与从事生态环境监测活动相适应的技术人员和管理人员，对人员资格确认、任用、授权和能力保持等进行规范管理，确定人员的教育和培训目标，明确培训需求和实施人员培训，使培训计划与监测机构当前和预期的任务相适应。一般情况下，人员管理流程如图 2-1 所示。

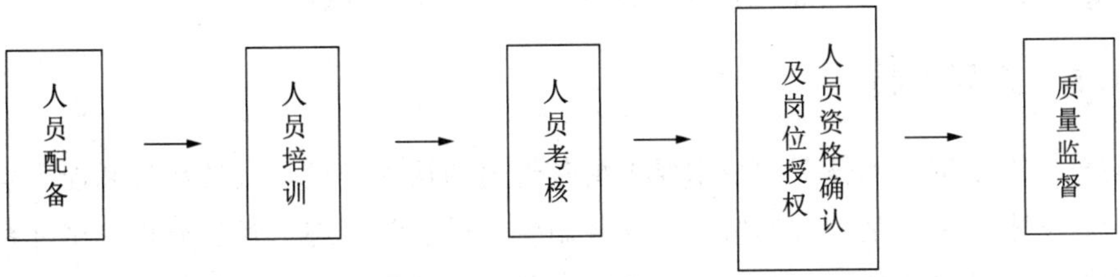

图 2-1 人员管理流程示意图

2.1 人员配备

根据计量认证机构及上级主管部门的要求，监测机构应对所有与监测质量相关的管理人员、监测人员规定其任职资格条件，同时进行培训、考核和监督，以保证各类人员能有效地开展岗位工作，满足质量体系正常运行的要求。

2.1.1 人员能力确认

由监测机构最高管理者主持选择和调配与各岗位相适应的有关人员，按上级要求和本监测机构规定进行择优录用考核、年度工作考核和职务晋升考核，并对已在岗人员和以后上岗的人员根据任职条件对其进行资格确认，通过资料审核、内部笔试考核、标准样品考核以及操作演示考核等方式评估检测人员的能力，确认其资格，同时填写《人员能力确认记录表》。授权签字人职责变更、新上岗人员以及间隔 6 个月以上重新上岗的人员须重新评估，当岗位发生了变化时，须重新确认，确认的结果应记录在人员档案中。

2.1.2 技术负责人

技术负责人应具有中级及以上专业技术职称或同等能力，全面负责技术工作。监测机构根据监测工作需要及人员技术能力，提出岗位人员配置计划报监测机构最高管理者批准实施。

2.1.3 质量负责人

质量负责人应确保管理体系得到实施和保持，熟悉质量体系和监测活动的质量管理要求以及本监测机构内部业务管理状况和流程，了解监测技术，具有保持质量体系有效运行和持续改进的管理能力。

2.1.4 授权签字人

授权签字人应熟悉资质认定相关的标准要求，具有本专业中级及以上技术职称或同等能力，并经资质认定部门批准，非授权签字人不得签发检测报告。

2.1.5 监测人员

监测机构需根据监测任务的技术要求配备管理和技术人员，人员数量和能力均应满足要求，所有从事样品采集、现场监测、样品制备、样品前处理、样品分析测试和数据处理等工作的监测人员必须持证上岗，与监测活动相关的其他人员的能力应得到确认。

监测机构应设置覆盖全部检测能力范围的监督员，监督员具备相应的监督能力，按计划对监测人员进行监督。

2.1.6 新进人员能力考核资质确认

新进人员试用期为1年，试用期间由所在部门组织专业培训，并进行书面考核，合格后收集培训以及考核试卷、原始记录等材料，填写《监测人员持证上岗资格认定表》由技术负责人签字进行确认。试用期满人员，其所在部门负责人及主管部门负责人应对其在试用期的工作表现及实际工作能力进行考核，合格后转为聘任人员。

2.2 人员技术档案管理

（1）应建立所有管理和技术人员的人员技术档案，定期收集有关记录和证明，保证人员技术档案的完整、有效。

（2）人员技术档案应包括教育、培训、任命、授权、能力确认/考核、资格、技能、经历和监督等各种记录或证明材料。

（3）人员技术档案应设专人进行动态管理，做到及时更新。

2.3 人员培训

2.3.1 培训计划

（1）根据业务发展需要，各部门在每年年初制定本部门《年度培训计划表》，由分管部门负责人审批后，交技术负责人汇总并编制全中心《年度培训计划表》，由监测机构最高管理者批准后监督实施。

（2）未列入年度计划的，需求部门可提出临时培训申请，填写《培训申请表》，经监测机构最高管理者批准后实施。

（3）培训计划应适应本监测机构当前和预期的任务。

2.3.2 培训方式

（1）安排外出专业学习、进修的培训。

（2）业余时间参加与专业有关的技术学习及其他培训班。

（3）参加各类专业的学术交流会、研讨会及展览会。

（4）举办内部专项讲座、专项培训或专业学术报告会。

（5）结合工作实际需要，举办业务学习活动。

2.3.3 培训内容

根据管理人员和监测人员岗位的不同应有不同的专业知识和技能培训，此外还应包括：标准化知识、质量控制与管理知识、计量理论知识、误差理论与数据处理技术、数理统计技术、上岗证考核知识、外语知识，以及国家有关质量、认证认可、计量、环保行业的法律、法规、管理条例等。从事化学监测的人员还应进行监测机构安全和防护知识的培训；操作复杂分析仪器如色谱、光谱、质谱等仪器或相关设备的人员应接受过仪器原理、操作和维护等方面知识的培训；从事微生物监测的人员应进行常规微生物检测、无菌操作等方面知识的培训。

凡操作贵重、精密仪器设备的工作人员以前未操作过该仪器设备的，由技术负责人组织参加仪器设备供应商举办的操作技能培训并参加仪器设备的验收和安装调试，或以其他方式进行培训，经相关部门组织考核合格后，方可被授权使用该仪器设备。如使用的高压蒸汽灭菌器不属于简单压力容器（定义参见 TSG R0003）时，操作人员应取得特种作业人员证书。

2.3.4 培训效果验证

培训部门负责评价培训活动的有效性，具体可以通过能力验证结果、内部质量控制结果、内外部审核、不符合工作的识别、利益相关方的投诉、人员监督评价和考核等多种方式对培训活动的有效性加以验证。

2.4 培训记录管理

由组织培训的部门对培训的有效性进行审核，填写相关表单后，材料存入人员的个人技术档案。

2.4.1 《培训记录表》内容

（1）培训时间、地点、主题等；
（2）参加培训人员名单；
（3）培训内容摘要；
（4）组织部门效果评价。

2.4.2 《人员档案卡》内容

（1）学历证明；
（2）监测专业资格、职称证书；
（3）主要工作经历；
（4）主要专业技术业绩、成果，发表的论文、著作；
（5）重大质量事故的记录；
（6）监测机构最高管理者对其能力、资格的确认记录及相关授权记录。

2.4.3 《员工培训履历表》内容

（1）培训日期；
（2）培训项目；
（3）培训内容；
（4）培训结果。

备注：第二章节所有参考表单见附录5。

3　仪器设备管理

监测机构应对仪器设备实施有效控制和管理，同时对检测结果、抽样结果的准确性或有效性有显著影响的设备（包括用于测量环境条件等辅助测量设备）的检定/校准进行控制，保证仪器设备的量值可溯源性以及监测结果的准确可靠。

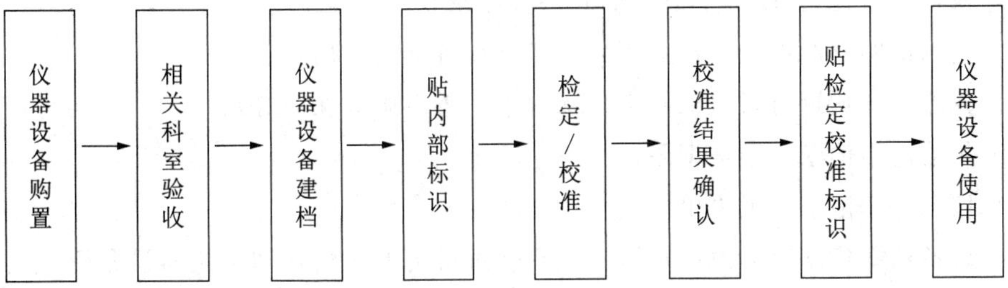

图 3-1　仪器设备管理流程示意图

3.1　仪器设备的购置

技术负责人根据开展监测工作的需要，提出仪器设备的购置方案。各部门提出《仪器设备年度采购计划》，填写申购单，明确仪器设备名称、型号规格、精度、用途、参考价格等，交技术负责人审核，监测机构最高管理者批准。

相关部门根据批准后的仪器设备采购计划实施采购，在采购过程中，应尽可能取得供货方的质量证明材料。

3.2　仪器设备的验收

所购仪器设备到货后，应在合同规定期间进行验收。所购仪器设备由申购部门及仪器设备管理员组织验收，并办理入库手续。试用到期后由申购部门与仪器设备管理员填写《仪器设备验收报告》，仪器设备管理员同时将仪器纳入《仪器设备总表》。仪器设备管理员收集并验收工作有关的证明材料（仪器调试报告、说明书、合格证、保修卡等），必要时由技术负责人与供应方签订仪器设备应用技术培训协议。

3.3 仪器设备档案管理

监测机构对检测具有重要影响的每台设备及其软件的记录进行归档保存。该记录至少应包括：

（1）仪器设备名称、接收日期、启用日期、接收时的状态；

（2）制造商的名称、标识、系列号或其他唯一性标识；

（3）仪器设备验收单；

（4）仪器设备检定/校准证书、期间核查记录表；

（5）使用说明书原件及操作规程（复印件交各部门使用）；

（6）仪器设备购置材料（保修卡、保养卡、售后服务保证等）；

（7）仪器使用记录、维护记录；

（8）仪器维修记录、报废单。

仪器设备档案建立后，由仪器设备档案管理员负责归档管理。仪器设备管理员负责编制《仪器设备总表》，在设备有变化时应予以更新。

3.4 仪器设备唯一性标识

仪器设备机身上需要挂上或贴上仪器设备标识卡见图 3-2（包括唯一性编号、设备管理内容）、设备检定/校准标识；不需检定/校准的设备标识卡只包含唯一性编号和状态。当发现仪器功能不正常时，设备责任人应及时报停并由仪器设备管理员贴上停用标识。

<table>
<tr><td>仪器名称</td><td colspan="3"></td></tr>
<tr><td>仪器型号</td><td></td><td>仪器管理编号</td><td></td></tr>
<tr><td>检定/校准单位</td><td colspan="3"></td></tr>
<tr><td>检定/校准日期</td><td></td><td>有效期</td><td></td></tr>
<tr><td>检定/校准确认日期</td><td></td><td>仪器责任人</td><td></td></tr>
</table>

图 3-2　仪器设备唯一性标识

3.5 仪器检定/校准与期间核查

3.5.1 仪器设备检定/校准计划

仪器设备管理员每年年底制定下年度仪器设备检定/校准计划，报技术负责人批准后组织实施。

计划内容包括：

（1）设备名称、型号、监测机构控制编号、测量范围；

（2）原检定证书编号、有效期；

（3）检定机构名称；

（4）检定时间；

（5）溯源方式。

3.5.2 仪器设备检定/校准实施

3.5.2.1 新购入仪器检定/校准

新购入的计量仪器设备在投入使用之前，必须经检定/校准合格，仪器设备的检定/校准应送到有能力溯源的计量检定机构进行，针对校准结果产生的修正信息，使用部门应确保仪器检测结果、相关记录和备份得到正确更新并加以利用。仪器设备管理员根据仪器设备检定、校准计划，按时做好送检定/校准等工作。检定/校准不合格的仪器设备不得使用。

3.5.2.2 仪器自校验

无法送检的玻璃仪器及大气采样器，由监测机构进行自校验。自校验应符合下列要求：

（1）技术负责人批准自校验方法，制定相关的作业指导书；

（2）自校验人员必须经过培训，取得检定员合格证；

（3）自校验应有经检定合格的计量器具作为依据；

（4）自校验应做好记录并出具《自校验报告》，自校验报告由检定人员签字，部门负责人批准，由仪器设备管理员汇总归档。

3.5.3 无法溯源的检测设备的比对

在无法溯源到国家计量基准的情况下，应参加监测机构之间比对或能力验证以提供测量结果满意的证据。

3.5.4 期间核查

为维持仪器设备校准状态的置信度，对于量值有飘移的设备、新购设备、经常在现场使用的仪器设备，在两次检定之间，必须进行期间核查。

仪器设备使用人员根据仪器设备的技术参数及计量检定部门出具的检定证书编写期间核查方案，再根据期间核查方案要求进行期间核查，以确保校准状态的置信度。监测人员应把核查结果填写在《仪器期间核查记录》中，各部门负责人应按时将上年度的《仪器期间核查记录》汇总交仪器设备管理员存档。

3.5.5 仪器设备检定/校准结果的确认

计量检定证书、校准证书应给出检定测量范围的不确定度，否则应向计量检定机构提出，要求补充或作出解释。自校验报告，如有可能也应给出自校验不确定度。

仪器设备管理员组织仪器设备责任人对检定/校准证书、自校准报告进行检查确认，并由技术负责人最终确认仪器设备的技术指标是否能满足监测工作的要求。检查、确认结果记录于《仪器设备检定/校准结果确认单》。

当仪器设备检定/校准结果出现超差或判为不合格时，仪器设备使用人应对以前使用该仪器设备所做的测量进行检查，查看是否对以前的测量结果造成了影响。具体处理情况如下：

（1）如已造成影响应予以纠正，属一般不符合项或严重不符合项能现场整改的工作，由发现人员督促责任部门及人员立即进行纠正或实施现场整改措施，并填写《不符合工作处理报告》，发现人员对纠正措施的实施结果进行跟踪验证，证实所采用的纠正措施已消除了产生不符合工作的所有因素后，报告技术负责人，通知责任部门恢复工作。

（2）如属严重不符合项或一般不符合项但不能现场完成整改的工作，由发现人员报告技术负责人，技术负责人通知责任部门人员对不符合工作采取标识、隔离、立即停止工作等措施。责任部门对产生不符合项的原因进行分析，提出纠正措施，并报技术负责人批准实施。

（3）如技术负责人认为不符合工作已经影响到客户，需报告监测机构最高管理者决定是否通知客户，由业务受理部门负责通知客户，收回监测报告，经过以上两条程序处置后，重新发放符合要求的监测报告。

3.5.6 检定/校准证书、自校验报告的存档

检定/校准证书和自校验报告由仪器设备管理人员负责归入设备档案，当设备需要使用修正值或设备使用人需要经常使用检定/校准证书和自校验报告时，需将检定/校准证书和自校验报告复印件放在工作场所。

3.6 仪器设备检定/校准状态的标志管理

对计量仪器设备进行标志管理，用不同颜色的标志贴于仪器设备的明显位置。

(1) 合格证（绿色）：用于检定/校准合格的仪器设备。

(2) 准用证（黄色）：用于自校验合格的仪器设备和部分功能或量程能满足监测工作需要，而其他功能或量程有不合格的多功能或多量程的仪器设备。

(3) 停用证（红色）：用于检定或自校准不合格、损坏待修或报废的仪器设备、暂时不用的仪器设备。

3.7 仪器设备日常使用与维护

3.7.1 仪器设备的使用

仪器设备使用前，必须送到有能力溯源的计量检定机构进行检定/校准，合格后方可使用。每台仪器设备均应指定一名责任人负责日常管理，仪器设备责任人应熟悉所管理仪器设备的操作规程及注意事项，了解仪器设备的原理。

特殊仪器设备的使用人员须经过培训合格并经授权后，才能上岗操作。一般情况下大型仪器设备应有两人以上能独立操作。

使用人员应按照操作规程及注意事项正确使用仪器设备，现场填写《仪器设备使用登记表》，如实反映仪器设备使用过程中的状态。各部门负责人应按时将上年度的仪器设备使用记录汇总交仪器设备管理员存档。

监测人员在使用中或事后发现监测仪器设备有异常时，应立即停止工作，并向部门负责人报告。

所有仪器设备的外借，领用人员需填写《仪器设备领（借）用登记表》经技术负责人批准后，交仪器设备管理员，仪器设备责任人在借出和返还时对仪器设备的功能和检定/校准状态进行核查。

使用非本监测机构设备时，使用的仪器设备应通过计量检定，符合 CMA 相关文件对仪器检定方面的要求，并报技术负责人批准后，方可使用。

3.7.2 仪器设备的维修和报废

3.7.2.1 仪器设备维护

仪器设备责任人应定期进行仪器设备维护和保养，认真填写《仪器设备维护保养记录》，各仪器设备责任人应按时将上年度的《仪器设备维护保养记录》汇总交仪器设备管理员存档。

3.7.2.2 仪器设备维修

仪器设备一旦出现异常现象，使用人员应及时向部门负责人报告，无法排除故障时，向仪器设备管理员提交《仪器设备维修申请表》，维修后使用人员认真填写《仪器设备维修记录表》。维修后的仪器设备须根据实际情况进行重新校准，合格后方可继续投入使用。

3.7.2.3 仪器设备报废

仪器设备确实因损坏无法修复、计量检定达不到要求或其他原因无法使用时，应予以报废处理。仪器设备的报废由使用部门提交《仪器报废（停用）单》，经技术负责人组织鉴定确认后，报监测机构最高管理者批准。

3.8 标准物质、化学试剂、玻璃器皿的管理

3.8.1 标准物质的管理

标准物质包括标准溶液、标准样品、基准试剂及标准气体等。

3.8.1.1 编制年度标准物质采购计划

各相关部门应于每年年初编制上报本部门所需标准物质的年度计划，并填写《采购申请表》，在填写该表前，应与标准物质管理人员核对库存，若库存中有该物品就直接领用。需要购买的，由部门负责人批准后，交分管领导、技术负责人审核，报最高管理者批准后，由负责采购的部门实施采购。

年度标准物质采购计划的内容应包括：序号、标准物质名称、类别、浓度范围、介质、数量、生产厂家、申购科室名称、申购日期等。

3.8.1.2 标准物质的购买和验收

各部门根据工作需要，提出所需标准物质购买申请，填写《采购申请表》交负责采购的部门。负责采购的部门根据审批后的年度采购计划负责购买，购买的标准物质应为有证标准物质。

购进的标准物质由采购部门、申购部门、标准物质管理人员共同验收，验收合格后，需要入库保管的标准物质由标准物质管理人员填写《主要标准物质表》。纸质版、电子版表格和标准物质证书一并交标准物质管理人员建档保存。不需入库保管的标准物质由申购人员直接填写对应的《标准物质领用情况表》。

3.8.1.3 标准物质的安全存储

验收合格的标准物质由标准物质管理人员负责保管，按证书要求的存贮条件安全存贮

在干燥、阴凉、通风、干净、避光的环境中。

存放区域需设置明显标识，并设有防污染措施，以确保标准物质处于标准状态，维持其有效性。标准物质管理人员须按要求做好环境条件记录。

属于剧毒化学品的标准物质按照剧毒化学品的管理规定进行管理。

3.8.1.4 标准物质的领用及使用

各部门领取标准物质时，须填写对应的《标准物质领用情况表》。标准物质领用后，由领用人妥善保存并正确使用。

使用人员须严格执行标准物质证书上所规定的内容，作好使用记录。分析人员在使用有证标准物质时，应当遵循其有效期、规定的储存条件、使用说明以及有关定值特性有效性的规定等方面的要求。

使用人在使用前，要仔细阅读标准物质所附证书上的内容，了解量值特点、化学组成、稀释方法、基体和标准值的测定条件等。

3.8.1.5 标准物质的期间核查

标准物质管理人员负责管理标准物质，每年两次对库存标准样品进行期间核查，以保持其校准状态的置信度。日常质控样品分析、有证标准样品的考核均可作为标准样品的期间核查，同时填写《标准物质期间核查记录表》

3.8.2 化学试剂、玻璃器皿的管理

3.8.2.1 编制年度化学试剂、玻璃器皿采购计划

各相关部门应于每年 2 月份之前编制上报本部门所需化学试剂、玻璃器皿的年度采购计划，并填写《采购申请表》，在填写该表前，应与仓库管理人员核对库存。无库存、需要购买的，由部门负责人批准后，交分管领导、技术负责人审核，报最高管理者批准后，由负责采购的部门实施采购。

3.8.2.2 购买和验收

各部门根据工作需要，提出所需化学试剂、玻璃器皿的购买申请，填写《采购申请表》交负责采购的部门。负责采购的部门根据审批后的年度采购计划负责购买。如有列入危险品名录中的化学品，须在采购前向公安部门《易制毒化学品服务平台》和《湖南省剧毒、易制爆、放射性物品治安管理信息系统》进行网上申请，审核通过后再进行购买。

购进的化学试剂和玻璃器皿由负责采购部门组织申购部门、仓库管理人员共同验收，验收合格后，需要入库保管的化学试剂、玻璃器皿由仓库管理人员入库，并进行登记。

3.8.2.3 入库管理安全存储

验收合格的化学试剂、玻璃器皿由仓库管理人员负责保管，仓库内应做到通风、防火、防潮、防爆。玻璃器皿应做到分类存放、小心轻放、防止损坏。

化学试剂仓库做到双人双锁管理，分类存放（酸碱试剂必须分开存放），并定期检查保存情况，标签脱落或模糊的要照原样补上，过期变质的化学试剂要及时清理；严禁使用无标签或过期的化学试剂。

易燃易爆试剂要放在阴凉通风处，并严格管理。剧毒试剂应锁放在毒品柜内由专人保管，使用时要有审批手续，两人共同称量，登记用量。

3.8.2.4 化学试剂、玻璃器皿领用及使用

各部门领取化学试剂、玻璃器皿时，需填写《化学试剂领用登记表》《玻璃器皿领用登记表》。化学试剂、玻璃器皿领用后，由领用人妥善保存并正确使用。领出物品后，由仓库管理人员填写出库单。

3.9 设施和环境条件的要求

3.9.1 设施设备配置要求

若监测机构环境条件对监测结果或设备精度有影响，应按影响程度采取不同的监控措施，必要时配备相应的监控与记录设备。对环境条件有要求的监测项目，应在监测过程中做好环境监控记录，并在监测原始记录上反映出来。

现场监测时，监测时段的气象等环境条件，水、电和气供给等工作条件，企业工况及污染物变化（稳定性）条件应满足监测工作要求。应有确保人员和仪器安全的措施。

3.9.1.1 监测机构布局要求

（1）应布局合理，并采取有效措施，防止相邻工作区域间的不利影响。

（2）维护并完善监测机构相关的环保设施及环境条件（恒温、恒湿、排风、废液储存、防尘、噪声隔离、防震动、实验废弃物存储设施）。

（3）实验过程有强噪声产生，应采取减噪声或隔声措施，有废气、废水、烟雾产生的监测机构和试验装置，应配有合适的处理系统，以保证监测工作质量和工作人员健康不受影响或损害。

（4）微生物监测室应保持清洁，严禁堆放杂物，以防污染。带纤维、易发尘物品不得进入净化监测机构，固定物品不得随意搬出无菌操作间。应有防尘、灭菌以及其他防止污染的设施。

3.9.1.2 监测机构预防干扰管理

（1）各项目分析人员应在规定区域进行分析操作，严禁随意变动。

（2）挥发性试剂配制必须在通风橱内进行操作。

（3）各项目使用的试剂、玻璃器皿应严格按区域存放，并做出明显标志，不得相互借

用、混用。

(4) 存在相互干扰的监测项目不得同时进行测定，当无法避免同时测定时，可将某个项目或某个操作转移至其他区域进行，但必须以不影响其他区域项目监测为前提。

(5) 从事痕量分析时，应配备一套专用实验器皿，以避免可能的交叉污染，将用于痕量金属分析的器皿浸泡于酸液中以去除痕量金属。对互不相容的分析物，应使用不同的器皿，并且关注清洗剂中可能存在分析物的影响。

各项目应加强质控措施，发现异常时立即停止实验，报告监测机构负责人，待查明原因并消除干扰后方可继续实验。监测机构内相互干扰项目示意表如表 3-1 所示。

表 3-1 监测机构内相互干扰项目示意表

干扰源	干扰物	受干扰项目	预防措施
挥发酚	（缓冲溶液）氨气	氨氮、总氮	配制试剂防止挥发，受干扰项目分析与干扰源项目不同时进行
二氧化硫	甲醛吸收液	甲醛	玻璃器皿严禁混用
总氰、总铬	磷酸	总磷	玻璃器皿严禁混用
有机溶剂	挥发性有机物	挥发性有机物	有机溶剂按区域存放，不得置于色谱仪器室
浸泡用酸	重铬酸钾	六价铬、总铬	配置专用的酸浸泡容器

3.9.1.3 监测机构内务管理

监测机构监测区域（包含样品制备和存放）与办公场所分离，各区域标识醒目，防止对监测工作质量产生不利影响，与监测无关人员未经许可不得进入监测区域，外单位人员联系业务工作应在办公室进行。根据监测的类别（项目）划分功能区，对不相容活动的相邻区域进行有效隔离，并采取措施，防止交叉污染。

监测人员应遵守监测机构各项制度，进监测机构前必须穿实验服，保持监测机构整洁、安静，各种仪器、器皿、试剂等放置整齐清洁、标识清晰，玻璃、门窗擦拭干净，室内严禁吸烟、进食、存放与实验无关的物品，保持水槽干净，酸碱废水和其他有毒有害废液应小心倒入废液桶内。

监测机构根据监测工作的需要装配必要的实验设施（通风橱、防尘罩、试剂柜、消防灭火器材等），保证工作区域的能源、照明、通风能满足工作需要，对有特殊要求的工作区域（如微生物室），按有关要求配置设施。

监测机构仪器设备的使用环境条件应满足说明书的要求，有温度、湿度、抗电磁干扰要求者，配备空调和抽湿机，安装温湿度计，避开干扰源，并采取抗干扰措施。各仪器设备应按要求放置在固定的处所，且必须配有防漏电插销板和电源电压监测仪表，以及仪器设备防水、防尘护罩及防震措施等。使用各种仪器设备必须严格遵守安全使用规则和操作规程，认真填写使用登记表，发现问题及时报告。

监测机构内使用的化学试剂应妥善保管，分类存放（如酸碱试剂必须分开存放），并定期检查使用及保管情况；取用化学试剂的器皿应洗涤干净，分开使用；倒出的化学试剂不准倒回，以免玷污；纯度不符合要求的试剂，必须经提纯后使用；挥发性强的试剂必须在通风橱内取用，使用挥发性强的有机溶剂时要注意避免明火，绝不可用明火加热。

剧毒、易燃、易爆物品的管理和使用应遵照有毒及易燃易爆物品使用的相关管理规定执行。氢气、乙炔等易燃气体钢瓶必须安全隔离，按技术要求操作。监测人员离开监测区域时应对电源、水源、气瓶、空调、门窗进行检查，确认无隐患后方可离开。

监测机构和楼道内必须配置足够的安全消防设施，定期对设施进行检查保养，不得随意损坏、移位和挪用，走道、楼梯、出口、消防安全通道等部位要保持畅通，严禁堆放物品。

3.9.1.4 监测机构安全管理

监测人员进入工作现场或监测机构进行监测时必须佩带安全防护设施。如：安全防护帽、防刺鞋、工作服、防护眼镜、防尘口罩等。监测部门负责人应督促员工佩带防护设施、实施防护措施，达不到安全要求的应停止作业。进入现场或监测机构的仪器设备必须配有防漏电插销板和电源电压监测仪表，以及仪器设备防水、防尘护罩及防震措施等。

3.9.2 废弃物的处置

3.9.2.1 废气

（1）监测机构的设置应便于泄漏的有害气体能自行扩散和自净。

（2）监测机构从事日常监测活动时，必须按照国家有关规定保证大气污染防治设施的正常运转，伴有产生有害气体的操作，必须在通风柜内进行。

（3）排放的废气不得违反《大气污染物综合排放标准》或国家其他相关规定的要求。

3.9.2.2 废液和固体废物

（1）监测活动中产生的废液和固体废物，必须按照国家有关规定及技术要求进行无害化处理，符合《中华人民共和国固体废物污染环境防治法》《废弃危险化学品污染环境防治办法》《污水综合排放标准》等相关规定后，方可废弃。不得随意排放、丢弃、倾倒、堆放，不得将危险废物混入其他废物和生活垃圾中。

（2）相关部门负责分类集中收集，根据不同属性分别处理。

①无毒或低毒酸、碱溶液分别集中后由相关部门将其相互中和至中性，用水稀释后排入污水池；

②有毒废液和固体废物由相关部门进行化学处理，专桶收集后送委托单位处理；

③可回收使用的有机溶液应分别收集、重蒸馏后回收使用，难以回收使用的有机溶液集中收集，送有相应资质的委托单位处理。

3.9.2.3 微生物

微生物试验过程中如有菌液洒在桌上或地上，应立即用5%石碳酸溶液或3%来苏尔倾覆在被污染处至少30分钟，再做处理。工作衣帽等受到菌液污染时，应立即脱去，高压蒸汽灭菌后洗涤。监测过程中产生的有微生物污染的废物，应经严格消毒处理后才能废弃，不准直接进入下水道及污物处理场所。

培养基废弃物的处理方法：化学消毒剂消毒灭菌、物理消毒灭菌、压力蒸汽。

3.9.3 监督与控制

技术负责人应对监测机构的废液、废物、废气等有可能构成环境污染或影响员工健康、安全的因素落实控制与排放措施。监测部门负责人应定期对监测机构相应设施的完好性和环境条件的符合性、安全性进行检查。

质量监督员在履行监督职责时，若发现设施设备不符合要求而影响监测结果时或废弃物未按要求进行处置时，应提出纠正和整改通知，必要时责令监测人员终止实验。

备注：第三章节所有参考表单见附录6。

4 现场监测

在现场监测环节中，为确保监测数据的代表性和完整性，应严格遵守采样前、采样中和采样后的相关监测技术规范，以实现监测质量控制的目的。现场监测的质量控制流程如图 4-1 所示。

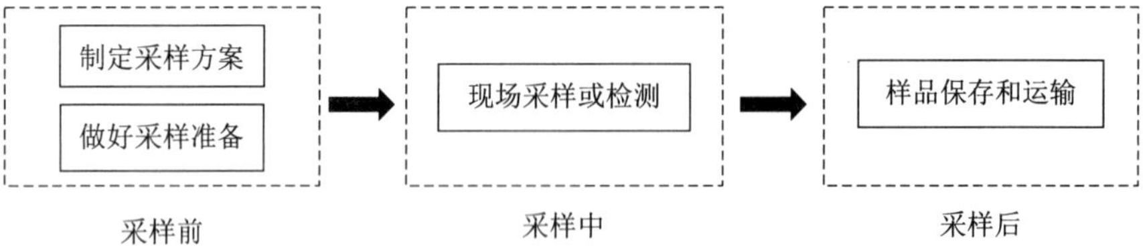

图 4-1 现场监测质量控制流程图

采样前，应当严格按照相关技术规范制定采样方案和做好采样准备；采样中，应当严格按照采样方案的要求实施现场采样和现场检测；采样后，应当对样品保存和运输实施规范性的操作。

基于上述流程，以下分别对地表水、地下水和污水、空气和废气、固体废物、土壤、噪声的现场采样和现场检测的规范要求进行阐述。

4.1 水和废水

水质采样现场操作的质量保证与质量控制包括采样方案的制定、采样工具和样品容器具的选择、采样操作、样品的保存运输以及采样中质量控制样品的设置等方面。

4.1.1 采样方案

水质采样方案的主要内容包括确定采样地点、采样时机、采样频率、采样持续时间、样品的保存、分析方法以及采样过程中的安全措施等。做好水质采样方案是取得有代表性的水质样品的前提，是水质监测中最重要的质量保证措施之一。可根据监测任务的类型和目的，参考相应标准规范（如 HJ 495 等）制定采样方案。

4.1.2 采样点位

地表水、地下水和废水的采样点位布设要求有较大差别。常见水监测点位要求见表4-1。

表 4-1 常见水质监测点位要求

类别	要求	标准来源
地表水（江河）	河宽大于 100 m，取 3 条垂线（左中右）；河宽小于 50 m，取 1 条垂线（中泓线）；河宽介于 50 m 到 100 m，取 2 条垂线（左右）	HJ 91.2
地表水（江河、湖库）	水深大于 10 m，取垂线 3 点（上中下）；水深小于 5 m，取垂线 1 点（中）；水深介于 5 m 到 10 m，取垂线 2 点（左右）	
废水	1）有明确执行标准要求的，按相应污染物排放（控制）标准规定设置监测点位。 2）有明确调查目的或有具体环境管理要求的，按既定要求设置监测点位。 3）无明确要求的，按下述原则设置监测点位：对于环境中难以降解或能在动植物体内蓄积，对人体健康和生态环境产生长远不良影响，具有“三致”性的，应在车间或生产设施排放口设置监测点（与其他污水混合前的车间或车间预处理设施的出水口，若实行集中预处理，则为集中预处理设施的出水口）。其他水污染物在排污单位的总排放口设置监测点	HJ 91.1

地表水监测一般应设置监测断面。监测断面在总体和宏观上应反映水系或区域的水质环境状况。各断面的具体位置应能反映所在区域环境的污染特征，要注意避开死水区、回水区。应尽可能以最少的断面获取有足够代表性的环境信息，同时要考虑实际采样的可行性和方便性。此外，应注意根据水面宽度设置采样垂线，并根据水深设置采样点数，可参见相关技术规范。

地下水监测时应选择能反映监测区域内地下水环境质量状况的点位。可根据监测目的，综合考虑地下水补给、径流、排泄条件、含水层情况等，进行采样布点。对于需要设置专用监测井的点位，应按照 HJ 164 的相关要求建设监测井。

4.1.3 采样器具与样品容器

应按照监测项目所采用的分析方法相关要求，选择不与待测物质发生物理吸附和化学反应的材质的采样器具。常见水质检测项目的采样器具可参见附录1。特别注意，水环境质量监测采样器具和污染源监测采样器具应分类存放，不得混用。采样前应对清洗干净的采样器具进行空白本底抽检，一般每个采样批次的采样器具至少抽取3%，检测结果应低于方法检出限或方法规定的限值。

4.1.4 采样操作

不同待测项目水质样品的采样操作要求存在差异，应根据所测项目的特征和相应标准规范要求采取不同的采样方式。地表水、地下水常见采样方式的技术要求可参见表4-2。

表4-2 常见的规范性采样方式技术要求

要求	适用类别
1）尽量选择在连续两天无降雨之后采样。若不得不在降雨期间采样，原则上避开明显有雨水汇入的区域，在水质充分混匀的区域或者汇入点上游区域采集水样，并记录现场情况。 2）一般情况下，不允许采集岸边水样，确因特殊情况，需要在岸边采集水样时，应记录现场情况。 3）用船只采样时，采样船应位于采样点下游，逆流采集水样，避免搅动底部沉积物造成水样污染。采样人员应在船只前部采集水样，尽量使采样器远离船体。 4）人工涉水采样时，采样人员应站在采样点下游，逆流采集水样，避免搅动底部沉积物导致水样污染	地表水
1）地下水一般要采集清澈的水样。若浑浊，应洗井，保证监测井水清砂净。 2）一般按照挥发性有机物、半挥发性有机物、稳定有机物及微生物样品、重金属和普通无机物的顺序采集地下水样品	地下水

水质采样中涉及某些特定项目样品时，应按相关要求处理，常见的水质特殊样品处理要求见表4-3。

表 4-3 常见水质特殊项目样品处理要求

要求	相关项目	适用类别
单独采样	石油类、五日生化需氧量、溶解氧、硫化物、悬浮物、粪大肠菌群、叶绿素 a 等	地表水
采样前应先破坏可能存在的油膜，使用专用的石油类采样器，在水面下至 30 cm 水深采集柱状水样。不得采入水面可能存在的油膜或水底的沉积物。样品瓶不能用采集的水样荡洗	石油类	
现场使用 0.45 μm 孔径的滤膜过滤	溶解态重金属	
自然静置 30 min 后取样，若仍存在大量可沉降性固体，应再重新采集水样，根据原水浊度测定结果选择延长静置时间或离心处理	总磷	
含有明显藻类的水样可全部通过 63 μm 孔径的过滤筛，自然静置 30 min，虹吸上层水样入样品瓶	可能造成影响的项目	
水样应注满样品瓶，液面之上不留空间，使用标准分析方法规定的专用保存容器	溶解氧、五日生化需氧量、硫化物和有机物等	地表水、废水
采样泵出水口流速一般不超过 0.1 L/min，最高不超过 0.5 L/min，尽可能降低流速。采样过程中尽量避免冲击产生气泡，满瓶后要确保瓶内无气泡	挥发性有机物	地下水
采样泵出水口流速要控制在 0.2 L/min～0.5 L/min	半挥发性有机物	
单独采样保存	硫化物、细菌类和放射性等	
采样前不能荡洗采样器具和样品容器	动植物油类、石油类、挥发性有机物、微生物	废水
在不同时间采集的水样不能混合	pH 值、色度、动植物油类、石油类、生化需氧量、硫化物、挥发性有机物、氰化物、余氯、微生物、放射性等	废水
单独采集储存	动植物油类、石油类、硫化物、挥发酚、氰化物、余氯、微生物等	废水

4.1.5 样品保存

不同待测项目的水质样品对保存条件有不同要求，应根据所测项目的特征和相应标准规范要求采取不同的保存方式。应选择高纯度等级的保存剂，避免因保存剂带来污染或干扰。每批次保存剂使用前应先进行空白试验，空白试验不符合要求的，不能作为相关项目的保存剂。常见水质样品保存要求可参见附录1。

4.1.6 质控措施

以下质量控制措施适用于在现场进行检测的监测活动。

①方法验证与确认。现场检测仪器设备在正式使用前应进行检测方法验证或确认。对于采用标准方法的现场检测仪器应进行方法验证；对于采用非标准方法的现场检测仪器应进行方法确认。

②仪器校准。现场检测前，所使用到的现场检测仪器设备应进行校准，校准结果评判应遵循相关检测方法标准要求。无法校准的，应使用已知浓度的标准样品验证其准确度。校准不合格或无法验证准确度的检测仪器不能用于现场监测。

③质量控制指标。现场检测质量控制指标可参考实验室内标准，空白样质量控制指标要求参见附录2，利用平行样、加标回收样测定结果判定精确度、准确度的控制指标参见附录3。

④仪器清洗维护。现场检测结束后应及时对检测仪器的进样管路、样品分析单元等部件进行清洗和干燥处理。无法清洗干净的，应及时更换采样管路，避免对后续检测产生交叉污染。

4.2 空气和废气

4.2.1 采样方案制定

空气和废气现场采样首先应做好采样方案的制定，确定采样位置、时间、频次、采样方式等。

4.2.2 采样点位

常规空气/废气监测采样点位的规范性确认可参考表 4-4。

表 4-4 常见空气/废气监测采样点位要求

类别	要求	标准来源
环境空气	(1) 常规环境空气质量监测点的布设应综合考虑代表性、可比性、整体性、前瞻性、稳定性。对于环境空气质量评价城市点，应选择城市建成区内，采用加密网格点实测法或模式模拟计算法确定点位。对于环境空气区域点、背景点应远离城市建成区和主要污染源，其中区域点应根据大气环流特征设置在区域大气环流路径上，反映区域大气本底状况，以及区域内和区域间的污染物输送影响；背景点则应选择在不受人为活动影响的清洁区域。污染监控点应设置在可能对人体健康造成影响的污染物高浓度区以及主要固定污染源对环境空气产生明显影响的区域。路边交通点一般应在行车道下风向，并根据车流量大小以及车道两侧地形、建筑物分布情况确定，采样口距道路边缘不超过 20 m (2) 监测点周边环境应符合以下要求：①监测点附近 1 000 m 内的土地使用状况相对稳定；②采样口周围不能有阻碍空气流通的高大建筑物、树木等其他障碍物，采样口到附近最高障碍物之间的水平距离应为该障碍物与采样口高度差两倍以上；③采样口周围水平面应保证有 270°以上的捕集空间，如果采样口一侧靠近建筑物，采样口周围水平面应有 180°以上的自由空间；④监测点周围环境应相对稳定；⑤监测点附近应无强大的电磁干扰，周围有稳定可靠的电力供应和避雷设备，通信线路易于安装和检修；⑥对于区域点和背景点而言，周边向外视野应 260°开阔，10 km 方圆距离内没有明显的视野阻挡 (3) 采样口位置要求：①手工采样采样口距离地面高度在 1.5～15 m 范围内，自动监测采样口距离地面高度在 3～20 m 范围内，路边交通点采样口距离地面高度在 2～5 m 范围内；②在建筑物上安装监测仪器时，采样口与建筑物墙壁、屋顶等支撑物表面距离>1 m；③设置多个采样口时，为防止其他采样口对颗粒物样品采集的干扰，颗粒物采样口与其他采样口之间的距离应>1 m，使用大流量总悬浮颗粒物采样器采样时，其采样口与其他采样口之间的距离应>2 m	HJ 664 HJ 194

（续表）

<table>
<tr><th>类别</th><th>要求</th><th>标准来源</th></tr>
<tr><td>无组织排放废气</td><td>（1）一般情况下，把无组织排放废气源看作点源，其监控点最多可设置 4 个，监控点应设置在污染源下风向平均风向轴线的两侧，监控点与排放源所形成的夹角不超出风向变化的±S°（10 个风向读数的标准偏差）范围。在排放单位周界外设置监控点时要考虑围墙的通透性。当围墙通透性不好，又不得不靠近围墙布点时，应将采气口抬高出围墙 20～30 cm；若不便抬高采气口时，应考虑围墙造成的涡流区影响，将监控点设置于距围墙 1.5～2 倍围墙高度的地方。此外，还应根据无组织排放源与厂界（围墙）间的具体相对关系来确定布点位置。例如，当排放源紧靠一侧围墙，且厂区范围很大时，下风向设置监控点已无意义，应考虑污染源排放对其相近围墙外的影响，在靠近污染源的围墙外布点。在静风或准静风（风速<1.0 m/s）时，污染物主要靠自然扩散，此时也应在近处围墙外设置监控点
（2）当无组织排放源与下风向厂界（围墙）间存在阻挡气流运动的物体时，由于局地流场变化，污染物迁移运动将复杂化。此时应进行局地流场简易测试，依据测试结果绘制局地流场平面图，根据对局地流场平面图的分析，综合考虑某些不确定因素后再确定监控点的位置
（3）当无组织排放源靠近围墙，且排放源具有一定高度时应分情况设置监控点：首先应估算无组织排放污染物的最大落地浓度区域，将监控点设置于该区域内；但若发现污染物在排放迁移过程中因稀释扩散浓度大大降低时，也可将监控点仍设置在围墙周边，采气口高于围墙的位置
（4）在对环境中存在显著本底的污染物进行无组织排放监测时，应设置参照点了解本底值大小。参照点应选择在尽量不受或少受被测无组织排放源或其附近其他污染排放源影响的地方。参照点一般位于排放源的上风向，同时考虑静风或局地环流的影响</td><td>HJ/T 55</td></tr>
<tr><td>固定污染源废气</td><td>（1）测定固定污染源废气中颗粒物、流速时，应优先选择垂直管段，避开弯头、变径等部位，在距离弯头、变径管、阀门等下游方向不少于 6 倍管径，距离上述结构上游不少于 3 倍管径处设置采样断面。若空间较小，无法满足上述要求，采样断面至少距离上述结构 1.5 倍管径，并适当增加断面测点和采样频次。选择的采样断面废气流速不低于 5 m/s。采样断面上采样点的数量和位置与管径大小和形状相关，圆形烟道要求如下：
<table>
<tr><th>烟道直径/m</th><th>等面积环数</th><th>测量直径数</th><th>测点数</th></tr>
<tr><td><0.3</td><td></td><td></td><td></td></tr>
<tr><td>0.3～0.6</td><td>1～2</td><td>1～2</td><td>2～8</td></tr>
<tr><td>0.6～1.0</td><td>2～3</td><td>1～2</td><td>4～12</td></tr>
<tr><td>1.0～1.2</td><td>3～4</td><td>1～2</td><td>6～16</td></tr>
<tr><td>2.0～4.0</td><td>4～5</td><td>1～2</td><td>8～20</td></tr>
<tr><td>>4.0</td><td>5</td><td>1～2</td><td>10～20</td></tr>
</table>
矩形烟道要求如下：
<table>
<tr><th>烟道断面积/m^2</th><th>等面积小块长边长度/m</th><th>测点总数</th></tr>
<tr><td><0.1</td><td><0.32</td><td>1</td></tr>
<tr><td>0.1～0.5</td><td><0.35</td><td>1～4</td></tr>
<tr><td>0.5～1.0</td><td><0.50</td><td>4～6</td></tr>
<tr><td>1.0～4.0</td><td><0.67</td><td>6～9</td></tr>
<tr><td>4.0～9.0</td><td><0.75</td><td>9～16</td></tr>
<tr><td>>9.0</td><td><1.00</td><td>16～20</td></tr>
</table>
（2）气态污染物测定时可不受上述颗粒物采样位置规则限制，但应避开涡流区，一般可靠近烟道中心点进行取样</td><td>HJ/T 397
GB/T 16157</td></tr>
</table>

4.2.3 采样器具与样品容器

现场采样前须对包括采样设备、采样气路、样品以及样品容器进行准备，这些准备工作包括采样流量压力校准、采样气路气密性检查、吸收瓶阻力测试、滤膜/滤筒准备、吸收液准备等。常见的空气/废气采样准备工作及其规范操作要求参见表 4-5。

表 4-5 常见空气/废气采样准备工作及其规范操作要求

准备内容	要求	标准来源
采样设备压力、流量校准	连续正常使用的采样器应保证至少每月进行一次校准，非连续正常使用的采样仪器应每次使用前校准	HJ/T 194 GB/T 16157
气密性检查	每次采样前均应对采样气路进行气密性检查，发现系统存在漏气时，应分段检漏，并重新安装气路检漏，直至合格	GB/T 16157
吸收瓶阻力测试	新吸收瓶或长期未使用的吸收瓶在使用前应进行吸收阻力测试。测试中应观察吸收瓶是否漏气，筛板鼓泡是否均匀，阻力满足既定标准要求	HJ/T 194 HJ/T 397 等
环境空气颗粒物滤膜	环境空气颗粒物滤膜应边缘平整，表面无毛刺、无针孔、无松散杂质、无折痕、无污染、无破损。滤膜应在恒温恒湿设备中平衡 24 小时后称量，称量条件为温度 15～30 ℃，湿度 50%±5%。每张滤膜应两次称量，每次称量间隔 1 小时以上。当使用 0.000 1 g 感量天平时，两次称量差应＜1 mg；当使用 0.000 01 g 感量天平时，两次称量差应＜0.1 mg，以两次称量的平均值作为滤膜称量值。若两次称量超出以上范围要求，可再平衡 24 小时进行两次称量，若仍不符合要求，则滤膜作废	HJ 618 HJ 1263
固定污染源废气颗粒物滤筒/滤膜	(1) 固定污染源废气颗粒物滤筒应在 105～110 ℃烘烤 1 小时，取出放入干燥器，在恒温恒湿天平室内冷却至室温，用感量 0.1 mg 的分析天平称量，两次称量结果应＜0.5 mg。若使用环境超过 400 ℃，应先将滤筒在 400 ℃高温中烘烤 1 小时，再冷却后恒重称量 (2) 适用于 HJ 836 的固定污染源废气颗粒物滤膜应与采样头装配好后一并进行平衡称量。再恒温恒湿设备内称量时，每个样品应称量两次，两次称量间隔＞1 小时，两次称量结果间偏差应在 0.2 mg 内，以两次结果的均值作为称量结果，若两次称量超出以上范围要求，可再平衡 24 小时进行再称量，若第三次称量与上次称量值仍不满足＜0.2 mg 要求，则样品作废	HJ/T 397 HJ 836
气袋	用于挥发性有机物气体采样的气袋应具有低吸附性和低气体渗透率，且不释放干扰物质的气袋。反复使用的气袋在采样前应进行空白试验，必要时应做保存回收率测试	HJ 732 等

（续表）

准备内容	要求	标准来源
注射器	用于挥发性有机物气体采样的注射器一般为玻璃材质，使用前应清洗干燥，并用惰性密封头密封	HJ 604 等
热脱附采样管	用于挥发性有机物气体采样的吸附-热脱附管一般为不锈钢材质外管，内填吸附剂。使用前应先老化，并立即用密封帽密封吸附采样管两端，放在密封袋或密封盒中保存	HJ 583、HJ 734 等
活性炭采样管	用于苯系物气体采样的活性炭采样管一般为内填颗粒活性炭的玻璃管，使用前应检查是否破损，确保未开封受污染	HJ 584
吸收液	化学吸收法广泛运用于各种气态污染物的采样上，如二氧化硫、氮氧化物、甲醛、氨等，可根据需要监测的项目参考相应标准规范进行准备	HJ 482、HJ 497、HJ 533 等

4.2.4 采样操作

为确保规范采样，常见的空气/废气采样方式的技术要求可参见表 4-6。

表 4-6 常见空气/废气采样技术要求

项目	要求	标准来源
环境空气颗粒物	采样器入口距离地面不小于 1.5 m，滤膜毛面应朝进气方向。采样时应将滤膜牢固压紧至不漏气，若采样完取出滤膜后，发现滤膜损坏或滤膜采样区域的边缘轮廓不清晰或滤膜上粘有液滴或异物，则该样品作废	HJ 618 HJ 1263
固定污染源废气颗粒物	采样中采样嘴的吸气速度与测点处的气流速度应基本相等，相对误差不超过 10%；采样完毕后，从烟道取出的采样管不可倒置	HJ/T397 HJ 836
挥发性有机物	(1) 使用气袋采样时，应先将气袋用待测气体抽洗三次，使待测气体老化气袋内表面，降低气袋内表面吸附导致的样品损失干扰。采样时充气量最大到气袋体积的 80%。 (2) 使用热脱附采样管采样时，应做穿透试验样品采集，即在吸附采样管后串联一根吸附采样管，同时采样。每批样品应至少采集一根串联吸附采样管	HJ 732、HJ 583、HJ 734 等
总烃、甲烷、非甲烷总烃	使用注射器采样时，用待测样气清洗三次后再采样。以注射器满刻度采样，采样后迅速密封进口	HJ 604 等

（续表）

项目	要求	标准来源
苯系物	使用活性炭采样管采样后应立即使用聚四氟乙烯帽密封采样管。废气湿度一般应小于90%，避免水汽在采样管内凝结，影响穿透体积和采样效率。若采样前后流量相对偏差超过10%则不合格。应做吸附效率测试，根据采样管AB段采样量计算吸附效率，若吸附效率低于80%则不合格	HJ 584
二氧化硫	甲醛吸收-副玫瑰苯胺分光光度法测定二氧化硫，1 h内短时采样采用内装10 mL吸收液的多孔玻板吸收管，以0.5 L/min的流量采气45～60 min；24小时连续采样用内装50 mL吸收液的多孔玻板吸收瓶，以0.2 L/min的流量连续采样24 h。采样中吸收液温度保持在23～29 ℃的范围	HJ 482
氮氧化物	盐酸萘乙二胺分光光度法测定氮氧化物，1 h内短时采样采用两支内装10.0 mL吸收液的多孔玻板吸收瓶和一支内装5～10 mL酸性高锰酸钾溶液的氧化瓶（液柱高度不低于80 mm），用尽量短的硅橡胶管将氧化瓶串联在二支吸收瓶之间，以0.4 L/min流量采气4～24 L；24小时连续采样采用两支大型多孔玻板吸收瓶，装入25.0 mL或50.0 mL吸收液（液柱高度不低于80 mm），标记液面位置，取一支内装50 mL酸性高锰酸钾溶液的氧化瓶，将吸收液恒温在20℃±4℃，以0.2 L/min流量采气288 L	HJ 479
氨	纳氏试剂分光光度法测定氨，在正式采样时，环境空气采样用10 mL吸收管，以0.5～1 L/min的流量采集，采气至少45 min；工业废气采样用50 mL吸收管，以0.5～1 L/min的流量采集，采气时间视具体情况而定。若工业废气温度明显高于环境温度时，应对采样管线加热，防止采样管线中结露	HJ 533

全程序空白样：是否需要采取全程序空白措施，应遵循相关项目所使用检测方法标准，如HJ 836、HJ 734、HJ 533等标准中均有采集的全程序空白样的要求。

平行样：是否需要采集平行样，应遵循相关项目所使用检测方法标准，如HJ 836中有采集同步双样的要求，并按颗粒物浓度范围给出了同步双样监测结果允许的最大相对偏差。

4.2.5 样品保存

按照相关项目所使用检测方法标准的要求，采取避光、冷藏等措施。常见空气/废气样品保存要求参见表4-7。

表 4-7　常见空气/废气样品保存要求

样品	要求	标准来源
环境空气颗粒物	采样后应将滤膜有尘面对折两次放入样品袋或样品盒，并及时称量处理。若不能及时称量，PM_{10} 和 $PM_{2.5}$ 滤膜应在 4 ℃下冷藏保存，TSP 滤膜应在不高于采样时的环境温度下保存	HJ 618 HJ 1263
固定污染源废气颗粒物	一般颗粒物采样后的滤筒应放入专用容器保存，若是低浓度颗粒物样品，用聚四氟乙烯堵套封住采样嘴，将带膜的采样头放入防静电密封盒或密封袋中	HJ/T 397 HJ 836
挥发性有机物	使用气袋时，采样完成后的气袋应立即密封后放入避光保温的容器内保存，一般距采样完成后 8 h 内进行分析	HJ 732 等
	使用热脱附吸附采样管时，采样完成后立即用密封帽将采样管两端密封，4 ℃避光保存，7 d 内分析	HJ 583、 HJ 734 等
总烃、甲烷、非甲烷总烃	使用注射器采样后，保持针头朝下状态放入样品箱内避光保存，并及时分析，放置时间不超过 8 h	HJ 604 等
苯系物	活性炭吸附管采样后，立即用密封帽将采样管两端密封，避光保存，室温下 8 h 内分析，否则须放入密闭容器于－20 ℃冰箱内保存，保存期为 1 d	HJ 584
二氧化硫	甲醛吸收液采样后应避光保存	HJ 482
氮氧化物	吸收液样品应避光保存，样品采集后尽快分析。若不能及时测定，将样品于低温暗处存放，样品在 30 ℃暗处存放，可稳定 8 h；在 20 ℃暗处存放，可稳定 24 h；于 0～4 ℃冷藏，至少可稳定 3 d	HJ 479
氨	采样后应尽快分析，以防止吸收空气中的氨。若不能立即分析，2～5 ℃可保存 7 d。注意贮存过程中勿将采样管倾斜或倒置，并及时更换采样管的密封接头	HJ 533

4.2.6　质控措施

以下质量控制措施适用于现场分检测的空气/废气监测活动。

①仪器校准。用于空气/废气现场检测的各类仪器在使用前应进行流量校准和测定校准，校准周期应满足相关规范要求。测定校准包括零点校准和量程校准，具体校准步骤可参见仪器说明，并结合相应的检测标准规范要求进行操作。

②现场检测。应严格按照相关项目所使用检测方法标准的要求，确定检测频次、检测时间，确保获得足够的有代表性的检测结果。常见的现场检测要求参见表 4-8。

表 4-8 常见空气/废气现场检测要求

项目	检测方法	要求	标准来源
二氧化硫	定电位电解法	测定烟气时必须同步测定一氧化碳浓度，当一氧化碳低于 50 μmol/mol 时可继续测定；若一氧化碳超过 50 μmol/mol，应根据仪器初次使用前进行的一氧化碳干扰试验结果，在确定的二氧化硫浓度最高值和一氧化碳浓度最高值范围内使用该检测法。 测定结果应在量程范围 20%～100%，否则应重新选择量程。 进入传感器的烟气温度不能大于 40 ℃，并注意及时排出除湿装置的冷凝水。 仪器抗负压能力须大于烟道负压。 测试时待仪器稳定，按分钟保存测试数据，取连续 5～15 min 数据的平均值作为一次测量值	HJ 57
	非分散红外法	烟气中含水蒸气时应除湿，且除湿后被测二氧化硫损失控制在 5%以内。 烟气进入仪器前应滤除颗粒物，在测试过程中随时监控采气流速变化，及时清洗或更换过滤装置。 仪器抗负压能力须大于烟道负压。 烟气中含有三氧化硫等气雾时，应采用滤雾器和冷凝器去除气雾。 直接导入仪器的烟气温度不能大于 50 ℃。 测定结果应在量程范围 20%～100%，否则应重新选择量程。 测试时待仪器稳定，记录仪器读数，同一工况下连续测定三次取平均值作为测量结果	HJ 629
	紫外吸收法	应通过加热采样管和导气管、冷却装置快速除湿或测定热湿废气样品等方法，消除或减少废气中水汽冷凝等对仪器的污染和造成的二氧化硫吸附及溶解损失。 样品测定结果应处于仪器校准量程的 20%～100%之间，否则应重新选择校准量程。 测定前应清洁颗粒物过滤装置，必要时更换滤料。 测试时待仪器稳定，按分钟保存测试数据，取连续 5～15 min 数据的平均值作为一次测量值	HJ 1131

（续表）

项目	检测方法	要求	标准来源
氮氧化物	定电位电解法	测定结果应在量程范围 20%～100%，否则应重新选择量程。 进入传感器的烟气温度不能大于 40 ℃，并注意及时排出除湿装置的冷凝水。 仪器抗负压能力须大于烟道负压。 烟气进入仪器前应滤除颗粒物，并及时清洗或更换过滤装置。 测试时待仪器稳定，按分钟保存测试数据，取连续 5～15 min 数据的平均值作为一次测量值	HJ 693
	非分散红外法	烟气中含水蒸气时应除湿。 烟气进入仪器前应滤除颗粒物，在测试过程中应随时监控采气流速变化，及时清洗或更换过滤装置。 仪器抗负压能力须大于烟道负压。 直接导入仪器的烟气温度不能大于 50 ℃。 测定结果应在量程范围 20%～100%，否则应重新选择量程。 过高浓度的二氧化氮会影响转换器工作，进入转换器的二氧化氮浓度不超过 200 μmol/mol。每半年至少进行一次二氧化氮至一氧化氮转换效率测试，转换效率低于 85%时，需要更换还原剂。 测试时待仪器稳定，按分钟保存测试数据，至少连续 5 min 数据的平均值作为一次测量值	HJ 692
	紫外吸收法	样品测定后应测定零点气和一氧化氮标准气体，计算测定的示值误差，并检查仪器的系统误差，或进行全系统示值误差的检查。当二氧化氮测定结果超过方法测定下限时，也应进行上述检查。 测定前仪器应预热，采样管应加热到设定温度。 测定结果应处于仪器校准量程的 20%～100%之间，否则应重新选择校准量程。 保持除尘除湿系统正常运转，避免烟气中颗粒物和水气对测定产生干扰。 把采样管插入采样点位，以仪器规定的采样流量连续自动采样，待仪器读数稳定后记录读数，每分钟保存一个均值，连续取样 5～15 min 测定数据的平均值作为一个测定值。测定过程中如发现二氧化氮浓度超过本方法测定下限，应中止测定，用二氧化氮标准气体校准仪器后，重新进行测定	HJ 1132

③仪器清洗维护。检测结束后应及时对采样管路、样品分析单元通入洁净空气进行清洗，使仪器示值回到零点附近并保持稳定，避免仪器管路污染或传感器失效。

4.3 固体废物

4.3.1 采样方案

常见的固体样品采样方案应对采样方式、监测布点、份样量、份样数等内容进行确认。一般固体废物采样和危险废物鉴别采样略有差异（参见表4-9），具体可查阅相关规范。

表4-9 常见固体样品采样方案要点

样品类别	质控环节	相关要求	标准来源
一般固体废物	采样方式	根据实际情况，可选择简单随机采样法、系统采样法、分层采样法、两段采样法或权威采样法确定采样方案进行布点	HJ/T 20
	份样量	对于固态样品，份样量取决于样品的粒度上限，粒度越大，均匀性越差，所需的份样量越大。份样量可以用切乔特公式计算。 对于液态批废物的份样量以不小于100 mL样品瓶所盛量为准	
	份样数	可采用公式法或查表法确定份样数	
危险废物	监测布点	根据实际需要确定。	HJ 298
	份样量	满足分析操作的需要。 依据固态废物的原始颗粒最大粒径，查表确定	
	份样数	一般情况下，根据待鉴别固体废物的质量查表确定采样份样数。 以下既定情形中，可不根据固体废物的产生量确定采样份样数：废物来源、类别、排放量、污染物含量稳定的；贮存于贮存池、不可移动大型容器、槽罐；车内的液态废物；贮存于可移动的小型容器（≤1 000 L）中的固体废物；固体废物非法转移、倾倒、贮存、利用、处置等环境事件中因环境事件处理或应急处置要求涉及固体废物的危险特性鉴别的；水体环境、污染地块治理与修复过程产生的，需要按照固体废物进行处理处置的水体沉积物及污染土壤等环境介质，以及突发环境事件及其处理过程中产生的固体废物鉴别过程已经根据污染特征进行分类的	

4.3.2 采样器具与样品容器

固体废物采样器具和样品容器应选用与待测废物不发生任何反应的材质，没有渗透性，且易于清洗和维护。对光敏性固体废物样品，盛样容器应是不透光的（使用深色材质容器或容器外罩深色外套）。采样装置在正式采样前均应做可行性试验。

4.3.3 采样操作

固体废物采样过程中应注意避免不同点位或层面之间样品的相互影响。应注意及时清洗采样工具，确定合理的采样顺序，避免交叉污染。一般情况下，固体废物采样质控要求可参见表 4-10。

表 4-10 固体废物采样质控要求

样品类别	采样要求	标准来源
一般固体废物	对于堆存、运输中的固态工业废物和大池（坑、塘）中的液态工业废物，按对角线型、梅花型、棋盘型、蛇型等点分布确定采样点 对于粉末状，小颗粒的工业固体废物，可按垂直方向、一定深度的部位确定采样位置。 对于容器中的工业固体废物，可按上部（1/6 深处）中部（1/2 深处）下部（5/6 深处）确定采样位置。 根据采样方式（简单随机法、分层法、系统法、两段法）确定采样位置	HJ/T 20
危险废物	生产工艺过程产生的固体废物应在固体废物排料口按等时间隔采集，若是板框压滤机采样，应按随机数表法抽取与该次需要采集的份样数相同数目的板框作为采样单元采取样品。 堆存状态固体废物，划分网格单元，用随机数表法抽取 N 个网格作为采样单元进行采样	HJ 298

4.3.4 样品保存

监测不同的污染物对样品保存的方式存在差异，例如测定固体废物中的挥发性有机物，应对样品避光冷藏保存运输。应根据所采集的固体废物性状和待测项目确定合适的保存与运输方式，确保保存与运输途中不造成样品交叉污染、损失。常见固体废物样品保存要点见表 4-11。

表 4-11 常见固体废物样品保存要求

保存要求	标准来源
含有易挥发性成分的样品，应用无顶空存样，并冷冻保存。 含有光敏物质的样品，应用深色容器保存并置于避光处。 含有温度敏感物质的样品，应保存在规定的温度之下。 易与水、酸、碱等反应的样品，应在隔绝水、酸、碱的条件下保存。 样品保存应防受潮或被灰尘污染。 撤销的样品不能随意丢弃，应送回原采样处或送至处置场所	HJ/T 20

4.4 土壤

4.4.1 采样方案

土壤的均匀性不及水气类样品，要取得有代表性的样品需要根据监测目的制定采样方案，确定采样位置、采样程序，明确采样方法、样品量等，参照 HJ/T 166。常见的土壤样品采样质控方案应关注的重点有采样方式、监测布点、采样量数等，参见表 4-12。

表 4-12 常见土壤样品采样质控方案要点

质控环节	相关要求	标准来源
采样方式与采样点数	根据实际情况，可选择简单随机法、分块随机法、系统随机法确定采样布点。布点数量要满足样本容量的基本要求，即由均方差和绝对偏差、变异系数和相对偏差计算样品数是样品数的下限数值，实际工作中土壤布点数量还要根据调查目的、调查精度和调查区域环境状况等因素确定。一般要求每个监测单元最少设 3 个点。区域土壤环境调查按调查的精度不同可从 2.5 km、5 km、10 km、20 km、40 km 中选择网距网格布点，区域内的网格结点数即为土壤采样点数量。此外，农田采集混合样的样点数量、建设项目采样点数量、城市土壤采样点数量、土壤污染事故采样点数量按各自相关要求分别确定	HJ/T 166
份样量	根据监测目的确定，一般不少于 1 kg。	
采样工具及样品容器	常见的采样工具有铁锹、铁铲、圆状取土钻、螺旋取土钻、竹片以及符合特殊采样要求的工具等。 常见的土壤样品容器有塑料袋（无机物分析）、玻璃瓶（有机物分析）	

4.4.2 采样器具与样品容器

土壤采样器具和样品容器应选用不与待测废物发生任何反应的材质，且易于清洗和维护。常见的土壤采样工具有木/竹或不锈钢制的铲、刀等。一般用于有机项目分析的样品用玻璃材质的容器，无机项目分析的样品用聚乙烯袋装。

4.4.3 采样操作

土壤采样过程中应注意避免不同点位或层面之间样品的相互影响。应注意及时清洗采样工具，确定合理的采样顺序，避免交叉污染。一般情况下，土壤采样质控要求可参见表4-13。

表 4-13 常见土壤样品采样质控方案要点

监测类型	相关要求	标准来源
区域环境背景土壤采样	选择自然景观应符合土壤环境背景值研究要求的采样点，并遵循以下要求：采样点的被采土壤类型特征明显，地形相对平坦、稳定、植被良好；不在坡脚、洼地等具有从属景观特征的地点设采样点；不在城镇、住宅、道路、沟渠、粪坑、坟墓附近等人为干扰大，失去土壤的代表性的地方设采样点；采样点离铁路、公路至少 300 m 以上；采样点以剖面发育完整、层次较清楚、无侵入体为准，不在水土流失严重或表土被破坏处设采样点；选择不施或少施化肥、农药的地块作为采样点；不在多种土类、多种母质母岩交错分布、面积较小的边缘地区布设采样点。 可采表层样或土壤剖面。一般监测采集表层土，采样深度 0～20 cm，有特殊要求的监测（土壤背景、环评、污染事故等）可选择部分采样点采集剖面样品。剖面的规格一般为长 1.5 m，宽 0.8 m，深 1.2 m，挖掘土壤剖面要使观察面向阳，表土和底土分两侧放置。采集剖面样品时，采样次序自下而上，先采剖面的底层样品，再采中层样品，最后采上层样品。测量重金属的样品尽量用竹片或竹刀去除与金属采样器接触的部分土壤，再用其取样。	HJ/T 166

（续表）

监测类型	相关要求	标准来源
农田土壤采样	按监测目的布设点位，一般按如下原则进行：大气污染型土壤监测单元和固体废物堆污染型土壤监测单元以污染源为中心放射状布点，在主导风向和地表水的径流方向适当增加采样点（离污染源的距离远于其他点）；灌溉水污染监测单元、农用固体废物污染型土壤监测单元和农用化学物质污染型土壤监测单元采用均匀布点；灌溉水污染监测单元采用按水流方向带状布点，采样点自纳污口起由密渐疏；综合污染型土壤监测单元布点采用综合放射状、均匀、带状布点法。 样品采集一般按如下原则取混合样：对角线法适用于污灌农田土壤，对角线分 5 等份，以等分点为采样分点；梅花点法适用于面积较小，地势平坦，土壤组成和受污染程度相对比较均匀的地块，设分点 5 个左右；棋盘式法适宜中等面积、地势平坦土壤	HJ/T 166
建设项目土壤环境评价采样	不够均匀的地块，设分点 10 个左右，受污泥、垃圾等固体废物污染的土壤，分点应在 20 个以上；蛇形法适宜于面积较大、土壤不够均匀且地势不平坦的地块，设分点 15 个左右	
城市土壤采样	每 100 公顷占地不少于 5 个，其中小型建设项目设 1 个柱状样采样点，大中型建设项目不少于 3 个柱状样采样点，特大型建设项目或对土壤环境影响敏感的建设项目不少于 5 个柱状样采样点	
污染事故土壤采样	城市土壤监测点以网距 2 000 m 的网格布设为主，功能区布点为辅，每个网格设一个采样点。有特殊要求时可适当加密。 一般分两层采样，受人为影响大的上层部分（0～30 cm）和受人为影响相对较小部分（30～60 cm）	
	按事故类型进行采样：固体污染物抛洒污染型，待打扫后采集表层 5 cm 土样，采样点数不少于 3 个；液体倾翻污染型，污染物向低洼处流动的同时向深度方向渗透并向两侧横向方向扩散，每个点分层采样，事故发生点样品点较密，采样深度较深，离事故发生点相对远处样品点较疏，采样深度较浅，采样点不少于 5 个；爆炸污染型，以放射性同心圆方式布点，采样点不少于 5 个，爆炸中心采分层样，周围采表层土（0～20 cm）。 事故土壤监测要设定 2～3 个背景对照点	

4.4.4 样品保存

除少部分能直接以新鲜样品进行分析的项目外，土壤样品须经制备方可用于分析检测。制备包括自然风干、除异物、过筛、研磨、分样、再研磨等工序。在土壤样品制备过程中，应从风干研磨室环境条件，制样工具和样品容器选择等各环节进行质量控制，确保不发生外源性污染和样品间交叉污染。一般情况下，土壤样品保存要求可参见表 4-14。

表 4-14　常见土壤样品保存要求

相关要求	标准来源
避免用含有待测组分或对测试有干扰的材料制成的容器盛装样品。 测定无机物，一般用塑料袋或布袋盛装样品。 有腐蚀性或要测定挥发性化合物的，用广口玻璃瓶装样，样品要充满容器。含易分解有机物的待测定样品，采集后置于低温（冰箱）中，直至运送、移交到分析室	HJ/T 166

4.5　噪声

4.5.1　采样方案

噪声监测方案主要对监测点布设、监测的时段、监测时的环境条件等进行检查确认，见表 4-15。

表 4-15　常见噪声监测方案要点

噪声监测类型	相关要求	标准来源
区域声环境、 道路交通声环境、 功能区声环境	应按 HJ 640 中对于区域声环境、道路交通声环境、功能区声环境的监测点位要求进行点位设置，点位设置方案一经上报备案必须严格执行，不得随意更改。 每年监测 1 次昼间区域声环境和道路交通声环境，应在昼间正常工作时段内进行，并应覆盖整个工作时段；夜间监测每五年 1 次，在每个五年规划的第三年监测，监测从夜间起始时间开始。 区域声环境和道路交通声环境在每年的春季或秋季开展监测，监测日期应相对固定，并避开节假日和非正常工作日。 每季度监测 1 次功能区声环境，1 次 24 小时，避开节假日和非正常工作日。 应在风速低于 5 m/s、无雨雪、无雷电天气进行监测	HJ 640
厂界环境噪声、 社会生活环境噪声、 建筑施工环境噪声	厂界环境噪声、社会生活环境噪声、建筑施工环境噪声的监测点位设置应分别满足 GB 12348、GB 22337、GB 12523 的相关要求。 一般在昼、夜两个时段进行监测，夜间存在偶发或频发噪声时应记录最大声级。监测应在被测声源正常工作的情况下进行，同时注明工况。 监测期间应无雨雪、无雷电天气，风速应低于 5 m/s	GB 12348 GB 22337 GB 12523

4.5.2 采样操作

噪声监测前应进行的准备工作见表 4-16。

表 4-16 噪声监测前准备工作

准备内容		目的与要求
监测方案		指导整个监测工作的开展
监测设备	声级计	用于噪声监测，应选用 2 型或 2 型以上的积分平均声级计，其性能应符合 GB 3785 和 GB/T 17181 的规定，并应在检定期内
	声校准器	用于声级计使用前的校准和使用后的校验，声校准仪应满足 GB/T 15173 对 1 级或 2 级声级计的校准要求，并应在检定期内。测量前后声级计校准示值偏差不得大于 0.5 dB(A)
辅助器具	风向风速仪	用于监测期间的风向风速测量，应在校准有效期内
	传感器延长线缆、延长杆	用于监测点位于不便到达的高处时的监测，如厂界围墙上方
	计数器	用于道路交通声环境监测期间的车辆数统计
	三脚架	用于监测时声级计的固定架设
记录单		用于校准信息、监测数据、气象条件、工况等信息的现场记录

③规范监测。噪声规范监测的相关要求见表 4-17。

表 4-17 噪声监测要求

噪声监测类型	相关要求	标准来源
区域声环境	传感器应距任意反射面（地面除外）3.5 m 处，距离地面 1.2 m。 每个点位监测 10 min 等效连续 A 声级	HJ 640
道路交通声环境	传感器位于人行道上距路面（慢车道）20 cm 处，高度距地面 1.2～6 m，指向被测声源方向，避开非交通源噪声干扰。 每个点位监测 20 min 等效连续 A 声级，并分类（大型车、中小型车）记录车流量	
功能区声环境	测点距离地面 1.2 m 以上。 每次 6:00 或 22:00 准点开始监测，连续测量 24 h 等效连续 A 声级。	

（续表）

噪声监测类型	相关要求	标准来源
厂界环境噪声、社会生活环境噪声	一般室外监测时，测点应位于厂界外 1 m，距地面 1.2 m，距其他任意反射面 1 m 以上，厂界外有敏感点且厂界为实体围墙时，应高出围墙 0.5 m 以上。 室内监测时，测点应距地面 1.2 m，距其他任意反射面 0.5 m 以上，并在受噪声影响方向窗户开启的状态下监测	GB 12348 GB 22337
	若是监测固定设备结构传声时，测点应距地面 1.2 m，距其他任意反射面 0.5 m 以上，距外窗 1 m 以上，在窗户关闭的状态下监测，并且在监测期间应关闭室内可能干扰测量的声源。 若需要测量背景噪声，应确保不受被测声源影响且其他声环境与测量被测声源时保持一致，并与测量被测声源时间长度相同。 被测声源为稳态噪声时，测量 1 min 等效声级；被测声源为非稳态噪声时，测量被测声源有代表性时段的等效声级，必要时测量被测声源整个正常工作时段的等效声级，夜间应记录最大声级。 记录监测期间的工况等信息	
建筑施工环境噪声	测点设置、背景噪声测量和记录要求同上，但一般不涉及固定设备结构传声监测。 正常施工期间连续监测 20 min 等效声级，夜间同时测最大声级	GB 12523

5 样品流转

为了保证样品的代表性、有效性和完整性，必须对样品的现场处理、标识、编码、流转、保存、处置等各个环节实施有效控制。一般情况下，样品流转的管理流程如图 5-1 所示。

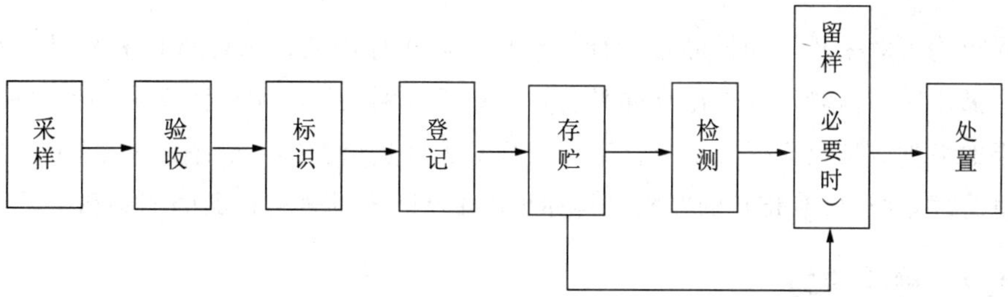

图 5-1 样品流转的管理流程

5.1 现场样品处理

5.1.1 样品的完整性检查

现场采样结束后，应对样品的外观、数量、分析项目、保存剂添加、样品的保存条件等情况进行一一检查确认。采样人员应对样品在运输途中的防护负责，保证样品的完整性。

5.1.2 标签/封签

每件样品均应有唯一性标签，确保样品不混淆。标签上应有样品唯一性编码（一瓶样品一个独立的编码）、采集的时间、地点、样品类别、需分析检测的项目、样品待检状态、采样人等信息。若涉及执法监测或其他有封签需要的监测，还应对样品进行封签。封签是将样品容器口用封签条贴住，相关见证人在封签上签字确认。封签的目的是确保样品在流转过程中不被人为蓄意破坏（调包、稀释、污损等），导致样品失去代表性。

5.1.3 现场记录

每批次样品均应有相对应的采样原始记录，记录上应有样品的唯一性编码、名称、采样时间、地点、样品类别、样品状态、需分析检测的项目、保存剂添加情况等信息。采样人、审核人应该对记录中的内容进行签字确认，若涉及委托监测、执法监测，还需要委托方代表、见证人等签字确认。

5.2 样品编码与流转

5.2.1 样品编码与解码

监测机构可对采集后的样品进行加密编码，隐去原编码、采样点位和样品名称信息，防止在样品流转和检测过程中出现样品管理和分析检测人员的主观因素影响的可能，造成检测结果的失真。编码应保证唯一性。可由样品管理员负责样品的编码和解码，设有监测机构信息管理系统（LIMS）的监测机构亦可由 LIMS 自动进行样品的编码和解码。

5.2.2 样品流转

运输到实验室的样品需要由采样人进行交接。接样人一般是样品管理员。接样人员应根据样品的类别、特性以及所需检测指标的规范，检查样品的体积、数量、外观等是否满足分析检测的要求，并认真检查核对采样原始记录或样品交接记录清单，确认样品资料的完整性，做好交接记录，并由采样人和接样人双方签字确认。若采样送样人为非本监测机构人员，在样品交接时还应填写委托检测单，注明所送样品内容以及相关检测要求，并经样品交接双方签字确认。

当发现样品与检测方法要求有任何偏离时，应告知采样人或委托方，并征询其意见是否同意继续进行检测或接受偏离。若发现该偏离可能影响检测结果评价，应及时通知采样人或委托方，并应及时记录下所有询问及讨论内容。

样品管理员应将收到的样品和分析任务表单及时移交给分析检测部门。分析检测部门的接样人员应再次对样品的数量、外观、完整性进行检查确认，并做好交接记录，由样品管理员和检测接样人双方签字确认。

检测人员在领取样品后，应在规定时间内完成样品的分析检测，并对样品的制备、检测、传递等过程进行保护，避免样品受到非正常损坏。未分析的样品应按技术规范要求在监测机构内进行保存。完成分析检测的样品，应及时在样品标签上进行“已检”状态记录。

5.3 样品存储环境要求

样品应分区存放，存放在适宜的样品贮存区域，并有明显标识，以免混淆和交叉污染。不同类别样品，特别是易变质、易燃易爆样品的储存应严格按国家技术规范或标准规定的方式妥善贮存。对要求在特定环境条件下贮存的样品，应对样品存储环境条件进行监控，并加以记录，以证实满足需求。对延长贮存时间可能会影响待测（或待分析）物的样品，应在规定的时间内检测。

如果需要将样品分开用于检测不同的项目，则二次抽样样品应代表原始样品，样品标识应始终保留。用于二次抽样的容器应确保不对样品造成污染。

样品管理人员负责保证样品的完好性、完整性。对纠纷样品、有毒有害样品、易制毒样品、易爆样品、贵重样品需加锁贮存和严格控制。

5.4 样品留样与处置

5.4.1 样品留样

样品流转过程中的交接清单中应注明留样要求。有留样需要的，检测人员在分析检测完毕后，应将样品封好再次移交给样品管理员。双方对样品数量、状态等进行一一检查确认，填写留样记录表单，由样品管理员根据留样样品的类别、特性按保存规范于指定区域保存。监测机构应建立样品留样台账，对留样样品的任务来源、名称、类别、特征、留样时间、处置去向等信息进行记录。

执法、纠纷、投诉类重金属检测项目的水质样品一般可留样半个月，固体样品可留样半年，其他样品一般不留样。

5.4.2 样品处置

应对无留样要求的样品或留样期结束可不再保留的样品进行处置。样品的处置应符合相应的技术规范要求，处置过程中不得造成环境污染。

6 实验室分析

实施实验室内质量控制的目的在于控制监测分析人员的实验误差，使之达到容许限的范围，以保证测试结果的精密度和准确度能在给定的置信水平下，有把握达到规定的质量要求。这是分析工作者在测试样品时，为能提供满足质量要求的基础数据，对分析测试进行的自我控制，或接受质量控制人员规定的质量控制程序的过程。

实验室内质量控制包括方法的选定、空白实验、检出限的测量、校准曲线的绘制和检验、平行样分析、加标样分析、标准物质测定、绘制质量控制图等，目的在于提高分析测试质量，保证数据的正确可靠。实验室分析质量控制流程图如图 6-1 所示。

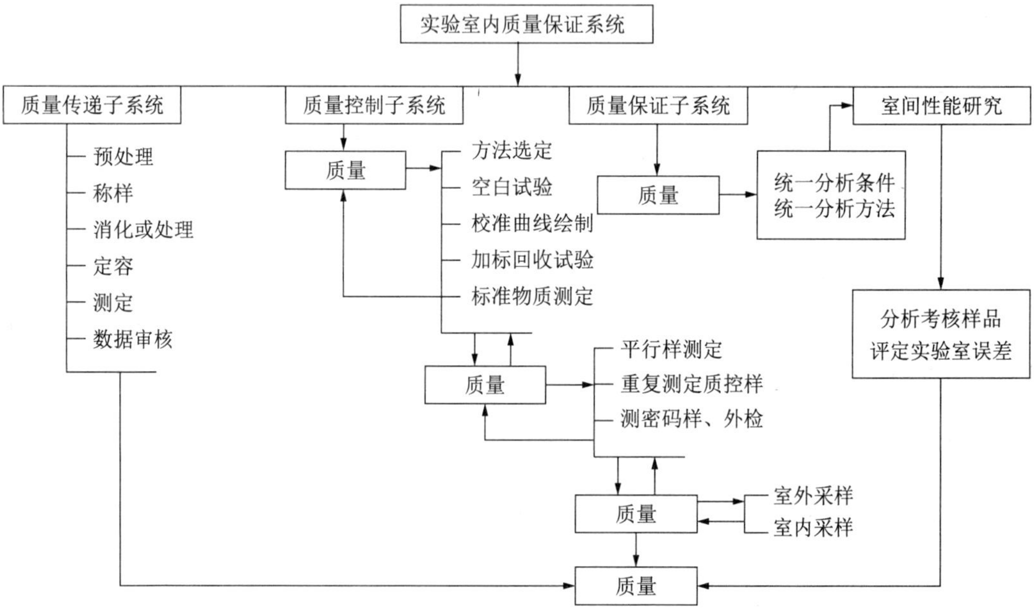

图 6-1 实验室分析质量控制流程图

实际工作中密码样分析、质量控制图、比对实验一般作为专项质量控制或“他控”措施，实验室分析对此缺少主动性；空白试验、平行测定、标准物质测定、加标回收实验、校准曲线绘制作为常用质量控制手段被要求应用于日常分析过程中。

表 6-1 列出了实验室常用分析方法质量控制措施及要求，各项目具体要求详见对应分析标准方法的质量保证和质量控制章节。

表 6-1 实验室常用分析方法质量控制措施及要求

序号	测定项目	方法名称	方法来源	空白试验	平行测定	标准物质	加标回收	校准曲线	备注（特别要求）
1	pH 值	水质 pH 值的测定 电极法	HJ 1147—2020	×	√	√	×	×	
2	高锰酸盐指数	水质 高锰酸盐指数的测定	GB 11892—1989	√√	√	√	◎	×	
3	化学需氧量	水质 化学需氧量的测定 重铬酸盐法	HJ 828—2017	√√	√	√	◎	×	
4	五日生化需氧量	水质 五日生化需氧量（BOD_5）的测定 稀释与接种法	HJ 505—2009	√√	√	◎	◎	×	
5	氨氮	水质 氨氮的测定 纳氏试剂分光光度法	HJ 535—2009	√	√	O/2	O/2	◎	
6	总磷	水质 总磷的测定 钼酸铵分光光度法	GB 11893—1989	√	√	O/2	O/2	◎	用中间浓度点校准曲线
7	总氮	水质 总氮的测定 碱性过硫酸钾消解紫外分光光度法	HJ 636—2012	√	√	◎	√	◎	用中间浓度点校准曲线
8	铜、锌、铅、镉	水质 铜、锌、铅、镉的测定 原子吸收分光光度法	GB/T 7475—1987	√	√	◎	√	√	用标准物质连续校准
9	镉、铜、铅	水质 镉、铜、铅的测定 石墨炉原子吸收法	《水和废水监测分析方法》（第四版）	√	√	◎	√	√	用标准物质连续校准
10	硒、砷、汞	水质 汞、砷、硒、铋和锑的测定 原子荧光法	HJ 694—2014	√√	√	√	√	√	用标准物质、曲线零点连续校准
11	汞	水质 总汞的测定 冷原子吸收分光光度法	HJ 597—2011	√	√	√	√	√	
12	铬（六价）	水质 六价铬的测定 二苯碳酰二肼分光光度法	GB/T 7467—1987	√√	√	O/2	O/2	◎	
13	氰化物	水质 氰化物的测定 容量法和分光光度法	HJ 484—2009	√	√	O/2	O/2	◎	用中间浓度点校准曲线

（续表）

序号	测定项目	方法名称	方法来源	空白试验	平行测定	标准物质	加标回收	校准曲线	备注（特别要求）
14	挥发酚	水质 挥发酚的测定 4-氨基安替比林分光光度法	HJ 503—2009	◎	√	√	◎	◎	用中间浓度点校准曲线
15	石油类	水质 石油类的测定 紫外分光光度法	HJ 970—2018	√	×	√	×	√	
16	阴离子表面活性剂	水质 阴离子表面活性剂的测定 亚甲蓝分光光度法	GB 7494—1987	√	√	O/2	O/2	◎	
17	硫化物	水质 硫化物的测定 亚甲基蓝分光光度法	HJ 1226—2021	√	◎	O/2	O/2	◎	
18	粪大肠菌群	水质 粪大肠菌群的测定 多管发酵法	HJ/T 347.2—2018	√	×	×	×	×	
19	氟化物、氯化物、硫酸盐、硝酸盐、亚硝酸盐	水质 无机阴离子的测定 离子色谱法	HJ 84—2016	√√	√	O/2	O/2	◎	用中间浓度点校准曲线
20	氟化物	水质 氟化物的测定 离子选择电极法	GB 7484—1987	√	√	O/2	O/2	◎	
21	铁、锰	水质 铁、锰的测定 火焰原子吸收分光光度法	GB/T 11911—1989	√	√	O/2	O/2	√	

注：1. “√”表示必做（表格中空白实验标注为√√的，表示标准要求实验室空白数量至少为两个）；

2. “◎”表示选做（校准曲线标注为◎的，仅表示无需每次实验绘制校准曲线，当实验条件发生变化时，必须重新绘制）；

3. “O/2”表示二者必做其一；

4. “×”表示不适用。

6.1 方法选定

分析方法是分析测试的核心。应按照相关标准或技术规范要求，选择能满足监测工作需求和质量要求的方法实施监测活动。原则上优先选择国家环境保护标准、其他的国家标准和其他行业标准方法，也可采用国际标准和国外标准方法，或者公认权威的监测分析方法，所选用的方法应通过实验验证，并形成满足方法检出限、精密度和准确度等质量控制要求的相关记录。

特别注意，出具加盖计量认证章（CMA）的报告所使用的分析方法，应在本监测机构资质认证范围内，勿出现超范围盖章的情况。

初次使用标准方法前，应进行方法验证。方法验证应对方法涉及的人员培训和技术能力、设施和环境条件、采样及分析仪器设备、试剂材料、标准物质、原始记录和监测报告格式、方法性能指标（如校准曲线、检出限、测定下限、准确度、精密度）等内容进行验证，并根据标准的适用范围，选取不少于一种实际样品进行测定。

方法验证的过程及结果应形成报告，并附验证或确认全过程的原始记录，保证方法验证过程可追溯。

标准方法验证工作中方法性能指标确定的主要内容：

（1）校准曲线：确定方法的适用范围是否满足标准要求，曲线的 a、b、r 值是否满足标准要求。

（2）检出限：如空白有检出的情况，按照方法步骤及流程进行操作，重复测定 7 次及 7 次以上空白，计算标准偏差，根据 t 值表查出相应 t 值，根据检出限等于 t 乘相对偏差进行计算；当空白中无检出的情况，添加方法检出限 2～5 倍浓度，测定 7 次及 7 次以上，后续步骤同上。

（3）精密度：采用低、中、高三种不同含量水平（应包括一个在测定下限附近的浓度或含量）的样品或有证标准物质，每种样品平行测定 6 次及 6 次以上，分别计算不同含量样品的平均值、标准偏差、相对标准偏差等各项参数，是否满足标准要求。

（4）准确度：采用低、中、高三种不同含量水平（应包括一个在测定下限附近的浓度或含量）的有证标准样品，每种样品平行测定 6 次及 6 次以上，分别计算不同含量样品的平均值、相对误差等各项参数。如无有证标准物质，可以通过空白加标或实际样品加标回收，计算加标回收率的方式进行准确度判定。要求相对误差或者加标回收率满足标准要求。

（5）实际样品：根据标准的适用范围采集实际样品进行分析测试，按每种类型样品平行测定 6 次以上，计算样品的平均值、标准偏差、相对标准偏差。对实际样品进行加标回收率情况的测定。

6.2 空白试验

空白实验（空白测定）指除用水代替样品外，其他所加试剂和操作步骤均与样品测定完全相同的操作过程，空白实验应与样品测定同时进行。

一个分析方法的空白实验值之大小和它的分散程度，都直接影响着这个方法的检出限和实验的精密度。空白实验值在一定程度上反映着实验室的基本状况和分析人员的技术水平。例如，纯水的质量、试剂的纯度、试液配制的质量、玻璃仪器的洁净度、精密仪器的灵敏度及精密度、仪器的使用和操作，以及实验室内的洁净状况，分析人员的操作水平和经验等，都可以集中反映在空白实验值上。对于环境样品而言，常常需要对浓度水平很低的待测组分进行监测，分析的浓度水平多系痕量范畴。由于样品的分析测定值低，常和空白实验值处于同一数量级。因而，空白实验值的大小及其分散程度最终将直接影响样品的测试结果。对于浓度水平低的样品测试值，空白实验值引入的影响就更大，有时甚至可使低浓度样品的结果成为负值。所以，应该重视空白实验值的质量，务必使之能达到最理想的水平，其结果应该相应地降低，重复性应能控制在一定范围内。

空白样品（包括全程序空白、采样器具空白、现场空白和实验室空白等）测定结果一般应低于方法检出限。

一般情况下，不应从样品测定结果中扣除全程序空白样品的测定结果。常用地表水监测项目空白指标要求见附录 2。

6.3 平行样分析

平行样分析是指将同一样品的两份或多份子样在完全相同的条件下进行同步分析。一般是做双份平行。对于某些要求严格的测试，例如标定标准溶液、检校仪器等，也有同时做 3～5 份平行测定的。平行样分析反映的是分析结果的精密度，可以检查同批测试结果的稳定情况。

在日常工作中，可按照样品的复杂程度、所用方法和仪器的精度以及分析操作的技术水平等因素安排平行样的数量。条件允许时，应全部做平行双样分析。否则，至少应按同批测试的样品数，随机抽取 10％～20％的样品进行平行双样测定。一批样品的数量较少时，应增加平行样的测定率，保证每批样品测试中至少测定一份样品的平行双样。

使用经过验证的分析方法进行平行样测定时，其结果的精密度应符合方法给定的标准偏差（或相对标准偏差）的要求，或按照方法的允许差进行判断。无论用哪种指标衡量，凡不符合要求时，即应找出原因之所在，并重新分析原样品。平行样结果用于评价监测的精密度时，用标准偏差或相对标准偏差表示，计算公式详见 7.1.2。

当现场平行样品测定结果差异较大时，应对水样进行复核，检查采样和分析过程对结果的影响。测定的平行双样相对偏差符合规定质量控制指标的样品，最终结果以双样测试结果的平均值报出；平行双样测定值均低于测定下限的，不作相对偏差的计算要求。

平行样结果用于减少分析过程的随机误差，提高分析结果的准确度时，应按照异常数据剔除方法在一定的置信度水平下判定离群的测定结果是否异常，根据判定结果进行取舍。离群值的判断和处理参照 GB/T 4883 执行，当出现离群值时，应查找原因，原因不明的离群值不应随意剔除。

平行样的测定结果在允许偏差范围内时，用其平均值报告测定结果。水质监测机构质量控制指标——水样测定值的精密度和准确度允许值见附录3。

6.4 加标回收实验

在测定样品的同时，于同一样品的子样中加入一定量的标准物质进行测定，将其测定结果扣除样品的测定值，以计算回收率。

加标回收率的测定可以反映测试结果的准确度。当按照平行加标进行回收率测定时，所得结果既可以反映测试结果的准确度，也可以判断其精密度。

进行加标回收率测定时，还应注意以下几点：

（1）加标物的形态应该和待测物的形态相同。

（2）加标量应与样品中所含待测物的测量精密度控制在相同的范围内，一般情况下作如下规定：

①加标量应尽量与样品中待测物含量相等或相近，并应注意对样品容积的影响；

②当样品中待测物含量接近方法检出限时，加标量应控制在校准曲线的低浓度范围；

③在任何情况下，加标量均不得大于待测物含量的3倍；

④加标后的测定值不应超出方法的测量上限的90%；

⑤当样品中待测物浓度高于校准曲线的中间浓度时，加标量应控制在待测物浓度的半量。

（3）由于加标样和样品的分析条件完全相同，其中干扰物质和不正确操作等因素所导致的效果相等。当以其测定结果的减差计算回收率时，常不能确切反映样品测定结果的实际差错。加标回收率的计算公式参考3.2.2。

计算加标回收率时应注意各参数间的统一性。若“加标试样测定值”和“试样测定值”以浓度表示，则“加标量”应为：加入的标准物质引起试样中待测物浓度变化的理论值。若样品在分析中存在使样品被稀释或浓缩的步骤，更应注意稀释或浓缩对各参数的影响。

例如，在以下实验场景中计算加标回收率：

在200 mL样品中加入待测组分10 mg（忽略体积变化）。标准方法规定：取10 mL样品，进行前处理，得到试样50 mL。测得试样中的待测组分浓度为9.0 mg/L，加标试样测定值为18.0 mg/L。此时的加标回收率有两种计算方法：

方法1：计算在200 mL样品中加入10 mg待测组分后，引起试样中浓度变化的理论值：10 mg/200 mL×(10 mL/50 mL)＝10.0 mg/L。

加标回收率 $P(\%)=(18.0\ \text{mg/L}-9.0\ \text{mg/L})/10.0\ \text{mg/L}\times 100\%=90.0\%$。

方法 2：通过试样中待测组分浓度计算样品中待测组分的质量：

9.0 mg/L×50 mL/10 mL×200 mL=9.0 mg。

同理，计算加标后样品中待测组分的质量为 18.0 mg。

加标回收率 $P(\%)=(18.0\ \mathrm{mg}-9.0\ \mathrm{mg})/10.0\ \mathrm{mg}\times100\%=90.0\%$。

6.5 标准物质测定

标准物质是具有一种或多种足够均匀的且很好地确定了特性的，用以校准测量装置、评价测量方法或给材料赋值的一种材料或物质。而附有证书的经过溯源的标准物质称为有证标准物质。监测实验室应尽可能使用有证标准物质（或称参考物质）。若没有有证标准物质可用时，实验室可通过比对试验、能力验证等方式证明量值的准确和溯源。当校准不能严格按国际单位制进行时，实验室应使用有资质的供应者提供有证校准物质来给出可靠的物理或化学特性。

我国将标准物质分为一级与二级。一级标准物质为由国家计量部门制作颁发或出售的标准物质。二级标准物质由各事业部门制作供厂矿或实验室日常使用。一般一级标准物质的准确度比二级标准物质高 3～5 倍，即二级标准物质应溯源到一级标准物质，而一级标准物质应溯源到 SI 单位。

标准物质的作用：

（1）作为校准物质用于监测仪器的定度。因为化学分析仪器一般都是按相对测量方法设计的，所以在使用前或使用中必须有标准物质进行定度或制备“校准曲线”。

（2）作为已知物质，用以评价测量方法。当测量工作用不同的方法和不同的仪器进行时，已知物质有助于对新方法和新仪器所测出的结果进行可靠程度的判断。

（3）作为控制物质与待测物质同时进行分析。当标准物质得到的分析结果与证书给出的量值在规定限度内一致时，证明待测物质的分析结果是可信的。

标准物质的测定是通过测定已知浓度的样品，将测定结果与标准物质的保证值（或理论值）进行比较，用于评价分析方法的准确度或检查实验室（或操作人员）是否存在系统误差。

HJ 630 规定监测工作中应使用标准样品/有证标准物质或能够溯源到国家基准的物质。标准样品/有证标准物质应与样品同步测定。进行质量控制时，标准样品/有证标准物质不应与绘制校准曲线的标准溶液来源相同。标准物质的测定应尽可能选择与样品基体类似的标准样品/有证标准物质进行测定。

6.6 密码样分析

密码样分析是质量管理人员根据实际情况，将一定数量的已知样品以密码的形式交付分析人员进行测定。这些样品对于分析人员本人都是未知样（密码样），测试结果经专职人员核对无误，即表示数据的质量是可以接受的。

密码样分析是用来对分析人员的监测质量进行“他控”的一种手段。密码样可以包括密码空白样、密码平行样、密码加标样和密码标准样。以密码形式进行的质控措施消除了分析人员的主观影响，质控结果更真实、客观。

密码样分析的有效实施对质量管理人员素质要求较高，因质量管理人员本身也是引入误差的因素之一。

6.7 校准曲线

校准曲线是描述待测物质浓度或量与相应的测量仪器响应量或其他指示量之间的定量关系的曲线。校准曲线包括标准曲线和工作曲线。前者用标准溶液系列直接测量，没有经过水样的预处理过程，这对于废水样品或基体复杂的水样往往造成较大误差；而后者所使用的标准溶液经过了与水样相同的消解、净化、测量等全过程。

监测项目的校准曲线（包括工作曲线和标准曲线）控制指标按照分析方法中的要求确定。

用校准曲线定量分析时，仅限在其线性范围内进行，同时须检查校准曲线的相关系数、斜率和截距是否正常，必要时进行校准曲线斜率、截距的统计检验和校准曲线的精密度检验。

校准曲线需定期核查，不得长期使用，不同实验人员、实验仪器之间不得相互借用。

一般情况下，校准曲线应与样品测定同时进行。原子吸收分光光度法、气相色谱法、离子色谱法、冷原子吸收（荧光）测汞法等仪器分析方法校准曲线的制作须与样品测定同时进行。

校准曲线相关系数 r 按照分析方法中的要求确定。如分析方法中未规定，应检查测量信号与测定浓度的线性关系，当 $r \geqslant 0.999$ 时，可用回归方程处理数据；若 $r < 0.999$，而测量信号与浓度确实存在一定的线性关系，可用比例法计算结果。

校准曲线在使用时应注意：

（1）按照方法要求制备合适的校准系列，溶液以纯溶剂为参比进行测量后，先作空白校正，然后绘制校准曲线。一条校准曲线至少应包括零浓度点在内的标准系列 6 个浓度点的信号值。

(2) 标准溶液一般可直接测定，但如试样的预处理较复杂致使污染或损失不可忽略时，应和试样同样处理后再测定，在废水测定或有机污染物测定中十分重要，此时应做工作曲线。

(3) 校准曲线的使用效果依赖于各种因素，如实验条件的改变、环境状况的变化、试液的重新配制以及量器更换、仪器稳定性等。因此，在测定试样的同时，绘制校准曲线最为理想，否则应在测定试样的同时，平行测定零浓度和中等浓度标准溶液各两份，取均值相减后与原校准曲线上的相应点核对，其相对差值根据方法精密度不得大于5%～10%，否则应重新绘制校准曲线。

校准曲线的直线部分可用下式表示：

$$A = kc + a$$

式中：A 为仪器响应值；c 为待测物质的浓度（或质量）；a 为校准曲线的截距；k 为方法灵敏度，校准曲线的斜率。

校准曲线3个重要参数分别是截距、斜率和相关系数。

截距（a）反映了实验误差的大小，实验误差越小，截距越趋近于0。若实验中存在正的或负的系统误差，则截距也将总是正值或负值，此时一般应查明原因，消除系统误差。

斜率（k）即方法灵敏度，方法的灵敏度是随实验条件的变化而变化的。在完全相同的条件下，仅由于操作中的随机误差导致的斜率变化不应超出一定的允许范围，此范围因分析方法的精度不同而异。

相关系数（r）是校准曲线的自变量与因变量之间线性相关关系密切程度的质量指标，表明曲线回归方程的拟合是否具有实际意义。

6.8 质量控制图

质量控制图是为了能直观地描绘数据质量的变化情况，以便及时发现分析误差的异常变化或变化趋势所采取的一种统计方式。一般应由专职质控人员来执行。

HJ 630规定常用的质量控制图有均值-标准差控制图和均值-极差控制图等，在应用上分空白值控制图、平行样控制图和加标回收率控制图等，相关内容执行GB/T 17989.2。

日常分析时，质量控制样品与被测样品同时进行分析，将质量控制样品的测定结果标于质量控制图中，判断分析过程是否处于受控状态。实验室内常用质量控制图见图6-2。

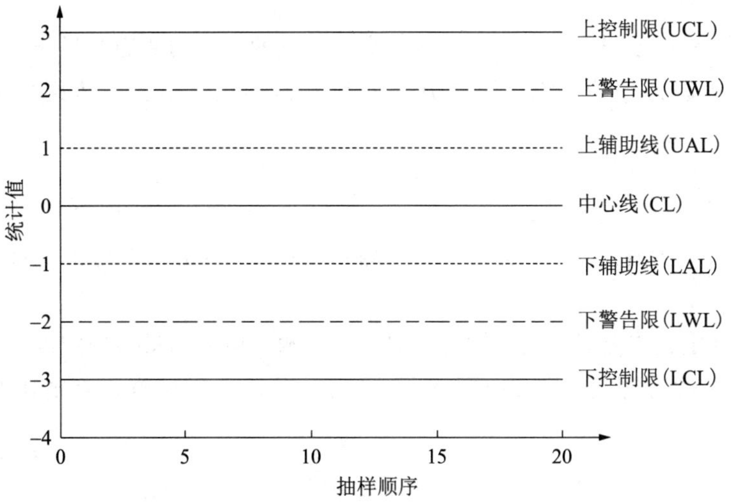

图 6-2 实验室常用质量控制图

图中上、下控制限统计值分别为 $\overline{X}+3s$、$\overline{X}-3s$；上、下警告限统计值分别为 $\overline{X}+2s$、$\overline{X}-2s$；上、下辅助线统计值分别为 $\overline{X}+s$、$\overline{X}-s$；中心线的统计值为 $\overline{X}$。

测定值落在中心附近、上下警告线之内，则表示分析正常，此批样品测定结果可靠；如果测定值落在上下控制线之外，表示分析失控，测定结果不可信，应检查原因，纠正后重新测定；如果测定值落在上下警告线和上下控制线之间，虽分析结果可接受，但有失控倾向，应予以注意。

质量控制图是假设分析测试处于受控状态时，总体分析数据的质量特性呈正态分布，将正态分布曲线图进行转换而来的。质量控制图既便于直观地判断分析质量，判定单次测定是否异常；又能全面、连续地反映分析测定结果波动状况，识别连续测定是否失控。

6.9 比对实验

根据 RB/T 208—2016 规定，实验室内部的比对实验主要有人员比对、方法比对、仪器比对和留样再测。

6.9.1 人员比对

人员比对试验是指在相同的环境条件下，采用相同的检测方法、相同的检测设备和设施，由不同的检测人员对同一样品进行检测的试验。

当某项试验可由多人进行操作时，实验室可采用人员比对试验的方式进行内部质量控制，通过安排具有代表性的不同层次的两个人或多人开展比对试验，考核检测人员能力水平，判断检测人员操作是否正确、熟练，用以评价人员对实验室检测结果准确性、稳定性和可靠性的影响。

方法规定了允许差时，人员比对具有较高准确度的一方的测定结果作为参考值，比对试验结果按下式进行评价。满足下式则表明比对试验结果满意，否则比对试验结果不满意。

$$\frac{|x_i - x|}{x} \times 100\% \leqslant D\%$$

式中：x_i 为比对方的测定值；x 为参考方的测定值；$D\%$为方法规定的允许差，以百分数（%）计。

方法没有规定允许差时，人员比对的双方应对测定值的测量不确定度进行评定，比对试验结果按下式进行评价。满足下式则表明比对试验结果满意，否则比对试验结果不满意。

$$|y_1 - y_2| \leqslant \sqrt{U_1^2 + U_2^2}$$

式中：y_1 为比对一方人员的测定值；y_2 为比对另一方人员的测定值；$U_1{}^2$ 为比对一方人员测定值 y_1 的测量不确定度，$k=2$；$U_2{}^2$ 为比对另一方人员测定值 y_2 的测量不确定度，$k=2$。

6.9.2 方法比对

方法比对试验是指在相同的环境条件下，由相同的检测人员采用不同的检测方法对同一样品进行检测的试验。

当某个检测项目可由多种方法进行操作时，实验室可采用方法比对试验的方式进行内部质量控制，判断检测所遵循的标准或方法是否被正确理解并严格执行，用以评价检测方法对实验室检测结果准确性、稳定性和可靠性的影响。

方法比对试验结果按下式进行评价。满足下式则表明比对试验结果满意，否则比对试验结果不满意。

$$|y_1 - y_2| \leqslant \sqrt{U_1^2 + U_2^2}$$

式中：y_1 为第 1 种方法的测定值；y_2 为第 2 种方法的测定值；$U_1{}^2$ 为第 1 种方法的测定值 y_1 的测量不确定度，$k=2$；$U_2{}^2$ 为第 2 种方法的测定值 y_2 的测量不确定度，$k=2$。

6.9.3 仪器比对

仪器比对试验是指在相同的环境条件下，采用相同的检测方法，由相同的检测人员采用不同的仪器设备对同一样品进行检测的试验。

当某个检测项目可由多种设备进行操作时，实验室可采用仪器比对试验的方式进行内部质量控制，判断对测量准确度、有效性有影响的设备是否符合测量溯源性的要求，用以评价仪器设备对实验室检测结果准确性、稳定性和可靠性的影响。

当一台设备与另一台高准确度等级设备进行比对时，将高准确度等级设备的测定值作为参考值，比对试验结果按下式进行评价。满足下式则表明比对试验结果满意，否则比对试验结果不满意。

$$|y_1-y_0|\leqslant\sqrt{U_1^2+U_0^2}$$

式中：y_1 为比对方的测定值；y_0 为参考方的测定值；$U_1{}^2$ 为比对方测定值的测量不确定度，$k=2$；$U_0{}^2$ 为参考方的测定值的测量不确定度，$k=2$。

6.9.4 留样再测

留样再测是指在尽可能相同的环境条件下，采用相同的检测方法、相同的检测设备和设施，由相同的检测人员对已完成检测的样品在其留样保存期间进行再次检测的试验。

实验室通过留存样品的再次测量，比较分析上次测量结果与本次测试结果的差异，用以发现实验室因偶然因素对实验室检测结果准确性、稳定性和可靠性的影响。

留样再测试验结果按下式进行评价，满足下式则表明比对试验结果满意，否则比对试验结果不满意。

$$|y_1-y_2|\leqslant\sqrt{2}U$$

式中：y_1 为对样品的首次测定值；y_2 为对样品进行留样再测的测定值；U 为测定值的测量不确定度，$k=2$。

6.10 实验室用水质量要求

分析实验室用水规格和试验方法参考 GB/T 6682，其中规定了分析实验室用水的级别、规格、取样及贮存、试验方法和试验报告。适用于化学分析和无机痕量分析等试验用水。

分析实验室用水的规格见表 6-2。

表 6-2 实验室用水规格

指标名称	一级	二级	三级
pH 值范围（25 ℃）	—	—	5.0～7.5
电导率（25 ℃）/(mS/m)	≤0.01	≤0.10	≤0.50
可氧化物质含量（以 O 计）/(mg/L)	—	≤0.08	≤0.4
吸光度（254 nm，1 cm 光程）	≤0.001	≤0.01	—
蒸发残渣（105 ℃ ± 2 ℃）含量/(mg/L)	—	≤1.0	≤2.0
可溶性硅（以 SiO_2 计）含量/(mg/L)	≤0.01	≤0.02	—

注 1：由于在一级水、二级水的纯度下，难于测定其真实的 pH 值，因此，对一级水、二级水的 pH 值范围不做规定。

注 2：由于在一级水的纯度下，难于测定可氧化物质和蒸发残渣，对其限量不做规定。可用其他条件和制备方法来保证一级水的质量。

对有特殊要求的实验用水，常常要使用相应的技术条件处理和检验。常用的特殊实验用水有：不含氯的水、不含氨的水、不含二氧化碳的水、不含酚的水、不含砷的水、不含铅（重金属）的水、不含有机物的水。

纯水的制备方法有蒸馏法、离子交换树脂去离子法、亚沸蒸馏法、电渗析法。实际工作中一般用蒸馏法和离子交换法进行实验用水的制备。

6.11 采样容器洁净度抽检要求

为减少现场采样环节采样容器对样品的污染，实验室应加强采样容器的管理，满足监测分析要求。

采样容器的选择严格执行环境监测技术规范的相关规定要求。采样容器的洗涤应按照标准规范要求的方法和程序进行，清洗好的容器的存放应防止二次污染。

采样容器的存放、保管应由专人负责。由相关人员负责对采样容器的洁净度进行抽检，抽检比例不低于该类采样瓶数量的10%。

采样容器的检查可参考以下3种方法：

（1）测定电导率：用200 mL去离子水清洗采样容器，测定其清洗液的电导率，清洗液的电导率$<10\ \mu S/cm$为合格。

（2）测定pH值：用200 mL去离子水清洗采样容器，测定其清洗液的pH值，清洗液的pH值在5.0～8.5之间为合格。

（3）测定全程序空白值：全程序空白值一般应低于方法检出限。

当抽检结果出现异常时，应对相关采样容器重新泡洗，并按20%的抽检比例检验合格后方可投入使用。

7 数据统计处理

7.1 误差

7.1.1 误差的分类

误差按其产生的原因和性质可分为系统误差、随机误差和过失误差。

7.1.1.1 系统误差

系统误差又称恒定误差、可测误差或偏倚，指在多次测量同一量时，其测量值与真值之间误差的绝对值和符号保持恒定，或在改变测量条件时，测量值常表现出按某一确定规律变化的误差。确定规律是指这种误差的变化，可以归结为某个或某几个因素的函数。这种函数一般可以用解析公式、曲线或数表达。

实验或测量条件一经确定，系统误差就获得一个客观上的恒定值，多次测量的平均值也不能减弱它的影响。

系统误差产生的原因：

(1) 方法误差。由分析方法不够完善所致。例如在某一容量分析中，由于指示剂对反应终点的影响，致使滴定终点与理论等当点不能完全重合所致的误差。

(2) 仪器误差。常由使用未经校准的仪器所致。例如量瓶的标称容量与真实容量的不一致。

(3) 试剂误差。所用试剂（包括实验用水）含有杂质所致。

(4) 仪器误差。测量者感觉器官的差异，反应的灵敏程度或固有习惯所致。如在取读数时对仪器标线的一贯偏右或偏左。

(5) 环境误差。测量时环境因素的显著改变（例如室温的明显变化）所致。

消减系统误差的方法：

（1）仪器校准。测量前预先对仪器进行校准，并对测量结果进行修正。

（2）空白实验。用空白实验结果修正测量结果，以消除实验中各种原因所产生的误差。

（3）标准物质对比分析。具体方法为：将实际样品与标准物质在完全相同的条件下进行测定。当标准物质的测定值与其保证值一致时，即可认为测量的系统误差已基本消除；将同一样品用不同反应原理的分析方法进行分析。例如与经典分析方法进行比较，以校正方法误差。

（4）回收率实验。在实际样品中加入已知量的标准物质和样品于相同条件下进行测量，用所得结果计算回收率，观察是否能定量回收，必要时可用回收率作校正因子。

7.1.1.2 随机误差

随机误差又称偶然误差或抽样误差，是由测量过程中各种随机因素的共同作用造成的。在实际测量条件下，多次测量同一量时，误差的绝对值和符号的变化，时大时小，时正时负，以不可测定的方式变化。随机误差遵从正态分布，其特点如下：

（1）有界性。在一定条件下对同一量进行有限次测量的结果，其误差的绝对值不会超过一定界限。

（2）单峰性。绝对值小的误差出现次数比绝对值大的误差出现次数多。

（3）对称性。在测量次数足够多时，绝对值相等的正负误差与负误差的出现次数大致相等。

（4）抵偿性。在一定条件下，对同一量进行测量，随机误差的代数和随着测量次数的无限增加而趋于零。

随机误差产生的原因：

随机误差是由能够影响测量结果的许多不可控制或未加控制的因素之微小波动引起的。例如测量过程中环境温度的变化、电源电压的微小波动、仪器噪声的变动、分析人员判断能力和操作技术的微小差异及前后不一致等。因此，随机误差可视为大量随机因素导致的误差的叠加。

随机误差消减的方法：

除必须严格控制实验条件，正确地执行操作规程外，还可用增加测量次数的方法减小随机误差。

7.1.1.3 过失误差

过失误差也叫粗差。这类误差是分析者在测量过程中发生不应有的错误造成的。例如器皿不洁净、错用样品、错加试剂、操作过程中的样品损失、仪器出现异常而未发现、错记读数以及计算错误等。过失误差无一定规律可循。

含有过失误差的测量数据，经常表现为离群数据，可按照离群数据的统计检验方法将其剔除。对于确知操作中存在错误情况的测量数据，无论结果好坏，都必须舍弃。

过失误差一经发现必须及时纠正。消除过失误差的关键在于改进和提高分析人员的业务素质和工作责任感，不断提高其理论和技术水平。

7.1.2 误差的表示方法

7.1.2.1 绝对误差和相对误差

绝对误差是测量值（单一测量值或多次测量的均值）与真值之差。测量结果大于真值时，误差为正，反之为负。

$$\text{绝对误差}=\text{测量值}-\text{真值}$$

相对误差为绝对误差与真值的比值（常以百分数表示）。

$$\text{相对误差}=\text{绝对误差}\div\text{真值}$$

7.1.2.2 绝对偏差和相对偏差

绝对偏差为某一测量值（x_i）与多次测量的均值（$\bar{x}$）之差，以 d_i 表示。

$$d_i = x_i - \bar{x}$$

相对偏差为绝对偏差与均值的比值（常以百分数表示）。

$$\text{相对偏差} = d_i \div \bar{x}$$

7.1.2.3 平均偏差和相对平均偏差

平均偏差为绝对偏差的绝对值之和的平均值，以（$\bar{d}$）表示。

$$\bar{d} = \frac{1}{n}\sum_{i=1}^{n} |\ d_i\ | = \frac{1}{n}(|\ d_1\ |+|\ d_2\ |+\cdots\cdots+|\ d_n\ |)$$

相对平均偏差为平均偏差与测量均值的比值（常用百分数表示）。

$$\text{相对平均偏差} = \bar{d} \div \bar{x}$$

7.1.2.4 极差

极差为一组测量值内最大值与最小值之差，又称范围误差或全距，以 R 表示。

$$R=x_{\max}-x_{\min}$$

式中：$x_{\max}$ 为测量值 x_1，x_2，x_3，…，x_n 中的最大值；$x_{\min}$ 为测量值 x_1，x_2，x_3，…，x_n 中的最小值。

7.1.2.5 样本的差方和、方差、标准偏差和相对标准偏差

差方和又称离均差平方和或平方和，指绝对偏差的平方之和，以 S 表示。

$$S = \sum_{i=1}^{n} (x_i - \bar{x})^2 = \sum_{i=1}^{n} d_i{}^2$$

样本方差用 s^2 或 V 表示。

$$s^2 = \frac{1}{n-1}\sum_{n-1}^{n} (x_i - \bar{x})^2 = \frac{1}{n-1}S$$

样本标准偏差用 s 或 SD 表示。

$$s = \sqrt{\frac{1}{n-1}\sum_{i=1}^{n}(x_i - \bar{x})^2} = \sqrt{s^2} = \sqrt{\frac{1}{n-1}S}$$

样本相对标准偏差，又称变异系数，是样本的标准偏差与其均值的比值（常用百分数表示）。前者记为 RSD，后者记为 CV。

$$RSD(CV) = (s/\bar{x}) \times 100\%$$

7.2 测量数据的有效数字

有效数字用于表示测量数字的有效意义。指测量中实际能测得的数字，由有效数字构成的数值，其倒数第二位以上的数字应是可靠的（确定的），只有末位数是可疑的（不确定的）。对有效数字的位数不能任意增删。

由有效数字构成的测定值必然是近似值，因此，测定值的运算应按近似计算规则进行。

数字“0”，当它用于表示小数点的位置，而与测量的准确度无关时，不是有效数字；当它用于表示与测量准确程度有关的数值大小时，即为有效数字。这与“0”在数值中的位置有关。

一个分析结果的有效数字的位数，主要取决于原始数据的正确记录和数值的正确计算。在记录测量值时，要同时考虑到计量器具的精密度和准确度，以及测量仪器本身的读数误差。对检定合格的计量器具，有效位数可以记录到最小分度值，最多保留一位不确定数字（估计值）。

以监测机构最常用的计量器具为例：

（1）用天平（最小分度值为 0.1 mg）进行称量时，有效数字可以记录到小数点后面第四位，如 1.223 5 g，此时有效数字为五位；称取 0.945 2 g，则为四位。

（2）用玻璃量器量取体积的有效数字位数是根据量器的容量允许差和读数误差来确定的。如单标线 A 级 50 mL 容量瓶，准确容积为 50.00 mL；单标线 A 级 10 mL 移液管，准确容积为 10.00 mL，有效数字均为四位；用分度移液管或滴定管，其读数的有效数字可达到其最小分度后一位，保留一位不确定数字。

（3）分光光度计最小分度值为 0.001，因此，吸光度一般可记到小数点后第三位，有效数字位数最多只有三位。

（4）带有计算机处理系统的分析仪器，往往根据计算机自身的设定，打印或显示结果，可以有很多位数，但这并不增加仪器的精度和可读的有效位数。

（5）在一系列操作中，使用多种计量仪器时，有效数字以位数最少的一种计量仪器的位数表示。

7.3 测量数据的记数规则

（1）记录测量数据时，只保留一位可疑（不确定）数字。当用合格的计量器具称量物质或量取溶液时，有效数字可以记录到其最小分度值，最多保留一位不确定数字。

例如：用最小分度值为 0.1 mg 的分析天平称量物质时，有效数字可以记录到小数点后第 4 位；用有分度标记的吸管或滴定管量取溶液时，读数的有效位数可达其最小分度后一位，保留一位不确定数字。

（2）表示精密度的有效数字根据分析方法和待测物的浓度不同，一般只取 1 位到 2 位有效数字。

（3）分析结果有效数字所能达到的位数不能超过方法最低检出浓度的有效位数所能达到的位数。

例如，一个方法的最低检出浓度为 0.02 mg/L，则分析结果报 0.088 mg/L 就不合理，应报 0.09 mg/L。

（4）以一元线性回归方程计算时，校准曲线斜率 b 的有效位数，应与自变量 x_i 的有效数字位数相等，或最多比 x_i 多保留一位。截距 a 的最后一位数，则和因变量 y_i 数值的最后一位取齐，或最多比 y_i 多保留一位数。

（5）在数值计算中，当有效数字位数确定之后，其余数字应按修约规则一律舍去。

（6）在数值计算中，某些倍数、分数、不连续物理量的数值，以及不经测量而完全根据理论计算或定义得到的数值，其有效数字的位数可视为无限。这类数值在计算中需要几位就定几位。

（7）测量结果的有效数字所能达到的数位不能低于方法检出限的有效数字所能达到的数位。

7.4 数值修约规则

推荐按 GB/T 8170 进行数值修约。

7.4.1 确定修约间隔

（1）指定修约间隔为 10^{-n}（n 为正整数），或指明将数值修约到 n 位小数。

（2）指定修约间隔为 1，或指明将数值修约到个数位。

（3）指定修约间隔为 10^n，或指明将数值修约到 10^n 数位（n 为正整数），或指明将数值修约到“十”“百”“千”……数位。

7.4.2 进舍规则

（1）拟舍弃数字的最左一位数字小于5时，则舍去，即保留的各位数字不变。

例1 将12.149 8修约到个数位，得12。

例2 将12.149 8修约到一位小数，得12.1。

（2）拟舍弃数字的最左一位数字大于5，则进一，即保留数字的末位数字加1。

例 将1 268修约到“百”位数，得13×10^2（特定时可写为1 300）。

（3）拟舍弃数字的最左一位数字是5，则其后有非0数字时进一，即保留数字的末位数字加1。

例 将10.500 2修约到个数位，得11。

（4）拟舍弃数字的最左一位数字为5，而右面无数字或皆为0时，若所保留的末位数字为奇数（1，3，5，7，9）则进一，即保留数字的末位数字加1；若所保留的末位数字为偶数（2，4，6，8，0），则舍弃。

例1 修约间隔为0.1或（10^{-1}）。

拟修约数值	修约值
1.050	10×10^{-1}（特定场合可写成1.0）
0.35	4×10^{-1}（特定场合可写成0.4）

例2 修约间隔为1 000（或10^3）。

拟修约数值	修约值
2 500	2×10^3（特定场合可写成2 000）
3 500	4×10^3（特定场合可写成4 000）

（5）负数修约时，先将它的绝对值按上述（1）～（4）规定进行修约，然后在修约值前面加上负号。

例1 将下列数字修约到“十”数位。

拟修约数值	修约值
−355	-36×10（特定场合可写成−360）
−325	-32×10（特定场合可写成−320）

例2 将下列数字修约成三位有效位数。

拟修约数值	修约值
−0.036 5	-36×10^{-3}（特定场合可写成−0.036）

7.4.3 不允许连续修约

（1）拟修约数字应在确定修约间隔或指定修约数位后一次修约获得结果，不得多次按7.4.2规则连续修约。

例 修约15.454 6修约间隔为1。

正确：15.454 6→15

不正确：15.454 6→15.455→15.46→15.5→16

（2）在具体实施中，有时测试与计算部门先将获得数值按指定的修约位数多一位或几位报出，而后由其他部门判定。为避免产生连续修约的错误，应按下述步骤进行。

报出数值最右的非零数字为5时，应在数值后面加“＋”或“－”或不加符号，以分别表明已进行过舍或进或未舍未进。

例如：16.50^{+}表示实际值大于16.50，经修约舍弃成为16.50；

16.50^{-}表示实际值小于16.50，经修约进一成为16.50。

如对报出值需进行修约，当拟舍弃数字的最左一位数字为5，且其后无数字或皆为0时，数值后面有“＋”者进一，有“－”者舍去，其他仍按规则7.4.2进行。

例如：将下列数字修约到个数位后进行判定（报出值多留一位到一位小数）。

实测值	报出值	修约值
15.451 46	15.5^{-}	15
16.520 3	16.5^{+}	17
17.500 0	17.5	18
－15.451 46	-15.5^{-}	－15

7.5 近似计算规则

7.5.1 加法和减法

几个近似值相加减时，其和或差的有效数字决定于绝对误差最大的数值，即最后结果的有效数字自左起不超过参加计算的近似值中第一个出现的可疑数字。在小数的加减计算中，结果所保留的小数点后的位数与各近似值中小数点后位数最少者相同。在实际运算过程中，保留的位数比各数值中小数点后数最少者多留一位小数，而计算结果则按数值修约规则处理。当两个很接近的近似数值相减时，其差的有效数字位数会有很多损失。所以，如有可能，应把计算程序组织好，使尽量避免损失。

7.5.2 乘法和除法

近似值相乘除时，所得积与商的有效数字位数决定于相对误差最大的近似值，即最后结果的有效数字位数要与各近似值中有效数字位数最少者相同。在实际运算中，可先将各近似值修约至比有效数字位数最少者多保留一位，最后将计算结果按上述规则处理。

7.5.3 乘方和开方

近似值乘方或开方时，原近似值有几位有效数字，计算结果就可以保留几位有效数字。

7.5.4 对数和反对数

大近似值的对数计算中，所取对数的小数点后的位数（不包括首数）应与其数的有效数字位数相同。

7.5.5 平均值

求 4 个或 4 个以上准确度接近的数值的平均值时，其有效位数可增加一位。

7.6 监测结果的表示方法

所使用的计量单位应采用中华人民共和国法定计量单位。

7.6.1 水和废水中污染物浓度含量的表示

水和废水分析结果用 mg/L 表示，浓度较小时，则以 μg/L 表示，浓度很大时，例如 COD 12 345 mg/L 应以 1.23×10^4 mg/L 表示，亦可用百分数（%）表示（注明 m/v 或 m/m）。

底质分析结果用 mg/kg（干基）或 μg/kg（干基）表示。

总硬度用 $CaCO_3$ mg/L 表示，电导率一般使用单位为 μS/cm，粪大肠菌群分析结果单位为 MPN/L，细菌总数结果单位为 CFU/mL，透明度单位为 cm，浊度单位为度，pH 无计量单位。

7.6.2 空气中污染物浓度含量的表示

7.6.2.1 空气体积的换算

气体体积受气体温度和大气压力的影响，为了使采样体积和计算出的污染物浓度具有可比性，要将采样体积换算成参比状态（298.15 K，1 013.25 hPa）下的采样体积，根据气体状态方程式，换算公式如下：

$$V_0=V_t\times298.15/(298.15+t)\times P/1\,013.25$$

式中：V_0 为参比状态下的采样体积，L 或 m^3；V_t 为温度 t 下的采样体积，L 或 m^3；t 为采样时的温度,℃；P 为采样时的大气压力，hPa。

若用真空瓶采样，应预先记录下瓶内剩余压力，然后，再根据剩余压力换算出标准状况下的采气体积。

用开管压力计测量剩余压力时，换算公式为：

$$V_0=V_t\times 298.15/(298.15+t)\times P_0/1\,013.25$$

式中：V_0 为采样瓶中的体积，L；P_0 为开管压力计读数，hPa。

用闭管压力计测量剩余压力时，换算公式为：

$$V_0=V_t\times\frac{298.15}{298.15+t}\times\frac{P-P'}{1\,013.25}$$

式中：P 为采样地点的大气压，hPa；P'为闭管压力计读数，hPa。

7.6.2.2 气体污染物浓度的表示方法

空气中污染物的浓度是以单位体积内所含污染物的质量来表示，即毫克每立方米（mg/m^3）和微克每立方米（$\mu g/m^3$）。在实际工作中，大家往往习惯于用体积分数表示气体污染物浓度，即 ppm 或 ppb，ppm 表示 1 000 000 单位体积空气中含气体污染物的体积数。两个单位可用以下公式互相换算：

$$C=C'\times M/22.4$$

式中：C 为以 mg/m^3 表示的气体污染物浓度；C'为以 ppm 表示的气体污染物浓度；M 为污染物的分子量；22.4 为空气在标准状态下（0 ℃，101.325 kPa）的平均摩尔体积。

7.6.2.3 固体污染物浓度的表示方法

对于存在于颗粒物中的无机污染物，尤其是重金属元素，其浓度可用体积浓度，即毫克每立方米（mg/m^3）和微克每立方米（$\mu g/m^3$）表示。空气中悬浮颗粒物的成分，还可用单位质量颗粒物中所含某成分的质量数来表示，常用 $\mu g/g$ 或 ng/g。

7.6.3 校准曲线

校准曲线的相关系数只舍不入，保留到小数点后出现非 9 的一位，如 0.999 89→0.999 8。如果小数点后都是 9 时，最多保留 4 位。

校准曲线的斜率和截距有时小数点后位数很多，最多保留 3 位有效数字，并以幂表示，如 0.000 023 4→2.34×10^{-5}。

7.6.4 异常值的判断和处理

一组监测数据中，个别数值明显偏离其所属样本的其余测定值，即为异常值。对异常值的判断和处理，参照 GB/T 4883 进行。

较常采用 Grubbs 检验法和 Dixon 检验法。Grubbs 检验法可用于检验多组（组数 L）

测量均值的一致性和剔除多组测量值均值中的异常值，亦可用于检验一组测量值（个数 n）的一致性和剔除一组测量值中的异常值，检出的异常值个数不超过 1；Dixon 检验法用于一组测量值的一致性检验和剔除一组测量值中的异常值，适用于检出一个或多个异常值。

检出异常值的统计检验的显著性水平 α（即检出水平）的适宜取值是 5%。对检出的异常值，按规定以剔除水平 α 代替检出水平 α 进行检验，若在剔除水平下此检验是显著的，则判此异常值为高度异常。剔除水平 α 一般采用 1%。上述规则的选用应根据实际问题的性质，权衡寻找产生异常值原因的代价，正确判断异常值的得益和错误剔除正常值的风险而定。对于剔除多组测量值中精密度较差的一组数据，或对多组测量值的方差一致性检验，则通常采用 Cochran 最大方差检验。

8　基本概念

8.1　环境监测质量保证

环境监测质量保证是对整个环境监测过程的全面质量管理。它包含了保证环境监测结果正确可靠的全部活动和措施，其主要内容是：制订监测计划；根据需要和可能并考虑经济成本和效益，确定对监测数据的质量要求；规定相适应的分析测量系统，诸如采样布点、采样方法、样品的采集和保存、实验室供应、仪器设备和器皿的选用、容器和量器的检定、试剂和标准物质的使用、分析测量方法、质量控制程序、技术培训，以及编写有关的文件、指南和手册等，都是质量保证的具体内容。

8.2　环境监测质量控制

环境监测质量控制是通过配套实施各种质量控制技术和管理规程而达到保证各个监测环节（如采样、实验室分析测试等）的工作质量的目的。它们都是质量保证的重要组成部分。

采样的环境监测质量控制涉及现场调查、资料收集和整理、采样布点等外环境方面的采样准备内容，也包含采样要求、采样方法、样品容器、样品保存和管理以及采样中的样品质量控制等。

实验室内质量控制包括实验室的基础工作（方法的选定、试剂和纯水的纯化、容量器皿的校准、仪器设备的定期检定等），空白实验，检出限的测量，校准曲线的绘制和检验，平行样分析，加标样分析，绘制质量控制图，等。这是实验室内部控制质量的常规方法，目的在于提高分析测试的质量，保证基本数据的正确可靠。

实验室间质量控制是由常规监测之外的有经验的技术人员执行，对某些实验室的监测分析质量进行评价的工作，常实施于诸多部门或众多实验室之间的协作实验中。进行这项工作应该以实验室内质量控制为基础。它可以通过共同分析一个统一样品来实现，也可以用对分析测量系统的现场评价方式进行。施行实验室间质量控制可以协助各监测机构发现一些室内不易核对的问题，提高分析结果的总体可信度，了解或证实各监测机构提供优质数据的能力，加强监测机构间数据的可比性，使这些数据具有较高的一致性。

8.3 监测数据的五性

从质量保证和质量控制的角度出发，为了使监测数据能够准确地反映环境质量的现状，预测污染的发展趋势，要求环境监测数据具有代表性、准确性、精密性、可比性和完整性。环境监测结果的“五性”反映了对监测工作的质量要求。

只有达到“五性”质量指标的监测结果，才是真正正确可靠的，也才能在使用中具有权威性和法律性。

8.3.1 代表性

代表性指在具有代表性的时间、地点，并按规定的采样要求采集有效样品。所采集的样品必须能反映环境总体的真实状况，监测数据能真实代表某污染物在环境中的存在状态。

任何污染物在环境中的分布不可能是十分均匀的，因此，要使监测数据如实反映环境质量现状和污染源的排放情况，必须充分考虑到所测污染物的时空分布。要优化布设采样点位，使所采集的样品具有代表性。

8.3.2 准确性

准确性指测定值与真实值的符合程度，监测数据的准确性受试样的现场固定、保存、传输，以及实验室分析等环节影响。一般以监测数据的准确度来表征。

准确度常用以度量一个特定分析程序所获得的分析结果（单次测定值或重复测定值的均值）与假定的或公认的真值之间的符合程度。一个分析方法或分析系统的准确度是反映该方法或该测量系统存在的系统误差或随机误差的综合指标，它决定着这个分析结果的可靠性。

准确度用绝对误差或相对误差表示。

准确度的评价方法：可用测量标准样品或以标准样品做回收率测定的办法评价分析方法和测量系统的准确度。

（1）标准物质分析

通过分析标准物质，由所得结果了解分析的准确度。

(2) 回收率测定

在样品中加入一定量标准物质测定其回收率。这是目前监测机构中常用的确定准确度的方法。从多次回收实验的结果中，还可以发现方法的系统误差。

按下式计算回收率 P：

$$回收率\ P(\%) = \frac{加标试样测定值-试样测定值}{加标量} \times 100\%$$

(3) 不同方法的比较

通常认为，不同原理的分析方法具有相同的不准确性的可能性极小。当对同一样品用不同原理的分析方法测定，并获得一致的测定结果时，即可将其作为真值的最佳估计。

当用不同分析方法对同一样品进行重复测定时，若所得结果一致，或经统计检验表明其差异不显著时，则可认为这些方法都具有较好的准确度；若所得结果呈现显著性差异，则应以被公认是可靠的方法为准。

8.3.3 精密性

精密性和准确性是监测分析结果的固有属性，必须按照所用方法的特性使之正确实现。数据的准确性是指测定值与真值的符合程度，而其精密性则表现为测定值有无良好的重复性和再现性。

精密性以监测数据的精密度表征，是使用特定的分析程序在受控条件下重复分析均一样品所得测定值之间的一致程度。它反映了分析方法或测量系统存在的随机误差的大小。测试结果的随机误差越小，测试的精密度越高。

精密度通常用极差、平均偏差和相对平均偏差、标准偏差和相对标准偏差表示。标准偏差在数理统计中属于无偏估计量而常被采用。

为满足某些特殊需要，引用下述 3 个精密度的专用术语。

平行性在同一实验室中，当分析人员、分析设备和分析时间都相同时，用同一分析方法对同一样品进行双份或多份平行样测定的结果之间的符合程度。

重复性在同一实验室中，当分析人员、分析设备和分析时间中的任一项不相同时，用同一分析方法对同一样品进行双份或多份平行样测定的结果之间的符合程度。

再现性用相同的方法，对同一样品在不同条件下获得的单个结果之间的一致程度，不同条件是指不同监测机构、不同分析人员、不同设备、不同（或相同）时间。

在考察精密度时应注意以下几个问题：

(1) 分析结果的精密度与样品中待测物质的浓度水平有关，因此，必要时应取两个或两个以上不同浓度水平的样品进行分析方法精密的检查。

(2) 精密度可因与测定有关的实验条件的改变而变动，通常由一整批分析结果中得到的精密度，往往高于分散在一段较长时间里的结果的精密度，如可能，最好将组成固定的样品分为若干批分散在适当长的时期内进行分析。

（3）标准偏差的可靠程度受测量次数的影响，因此，对标准偏差作较好估计时（如确定某种方法的精密度）需要足够多的测量次数。

（4）通常以分析标准溶液的办法了解分析方法的精密度，这与分析实际样品的精密度可能存在一定的差异。

（5）准确度良好的数据必须具有良好的精密度，精密度差的数据则难以判别其准确程度。

8.3.4 可比性

可比性指在不同测定方法测量同一样品的某污染物时，所得出结果的吻合程度。在环境标准样品的定值时，使用不同标准分析方法得出的数据应具有良好的可比性。可比性不仅要求各监测机构之间对同一样品的检测结果应相互可比，也要求每个监测机构对同一样品的监测结果应该达到相关项目之间的数据可比，相同项目在没有特殊情况时，历年同期的数据也是可比的。在此基础上，还应通过标准物质的量值传递与溯源，以实现国际间、行业间的数据一致、可比，以及大的环境区域之间、不同时间之间监测数据的可比。

8.3.5 完整性

完整性指强调工作总体规划的切实完成，即保证按预期计划取得有系统性和连续性的有效样品，而且无缺漏地获得这些样品的监测结果及有关信息。

8.4 灵敏度

灵敏度指某方法对单位浓度或单位量待测物质变化所产生的响应量的变化程度。它可以用仪器的响应值或其他指示量与对应的待测物质的浓度或量之比来描述。如分光光度法常以校准曲线的斜率度量灵敏度。一个方法的灵敏度可因实验条件的变化而改变。在一定的实验条件下，灵敏度具有相对的稳定性。

灵敏度的表示方法：

通过校准曲线可以把仪器响应量与待测物质的浓度或量定量地联系起来，用下式表示它的直线部分：

$$A=kc+a$$

式中：A 为仪器响应值；c 为待测物质的浓度；a 为校准曲线的截距；k 为方法灵敏度，校准曲线的斜率。

1975 年国际纯粹和应用化学联合会（IUPAC）通过的光谱化学分析中的名词、符号、单位及其用法的规定，把能产生 1%吸收的被测元素浓度或含量定义为特征浓度和特征含量，它们可用于比较低浓度或低含量区域校准曲线的斜率。

分光光度法中常用的摩尔吸光系数 ε，是指当测量光程为 1 cm 待测物浓度为 1 mol/L 时，相对应待测物质的吸光度数。ε 越大，方法的灵敏度越高。

原子吸收中，以产生 1%（即 0.004 4 吸光度）吸收值相对应的浓度作为灵敏度。

气相色谱中，灵敏度是指通过检测器物质的量变化时，该物质响应值的变化率。

8.5 检出限

检出限指某特定分析方法在给定的置信度内可从样品中检出待测物质的最小浓度或最小量。所谓“检出”是指定性检出，即判定样品中存有浓度高于空白的待测物质。检出限除了与分析中所用试剂和水的空白有关外，还与仪器的稳定性及噪声水平有关，可参考 HJ 168。

检出限的几种计算方法：

（1）在《全球环境监测系统水监测操作指南》中规定：给定置信水平为 95%时，样品测定值与零浓度样品的测定值有显著性差异即为检出限（$D.L$）。这里的零浓度样品是不含待测物质的样品。

$$D.L=4.6\delta$$

式中：δ 为空白平行测定（批内）标准偏差（重复测定 20 次以上）。

（2）国际纯粹和应用化学联合会（IUPAC）对检出限（$D.L$）作如下规定。

对各种光学分析方法，可测量的最小分析信号 x_L 以下式确定：

$$x_L=\overline{x_b}+k's_b$$

式中：$\overline{x}_b$ 为空白多次测得信号的平均值；s_b 为空白多次测得信号的标准偏差；k' 为根据一定置信水平确定的系数。

与 $x_L-\overline{x}_b$（即 $k's_b$）相应的浓度或量即为检出限：

$$D.L=(x_L-\overline{x_b})/k=k's_b/k$$

式中：k 为方法的灵敏度（即校准曲线的斜率）。

为了评估 $\overline{x}_b$ 和 s_b，实验次数必须至少 20 次。

1975 年，IUPAC 建议对光谱化学分析法取 $k'=3$。由于低浓度水平的测量误差可能不遵从正态分布，且空白的测定次数有限，因而与 $k'=3$ 相应的置信水平大约为 90%。

此外，尚有将 k' 取为 4、4.6、5 及 6 的建议。

（3）美国 EPA SW-846 中规定方法检出限：

$$MDL=3.143\delta \text{（}\delta\text{ 重复测定 7 次）}$$

（4）在某些分光光度法中，以扣除空白值后的吸光度与 0.01 相对应的浓度值为检出限。

（5）气相色谱分析的最小检测量是指检测器恰能产生与噪声相区别的响应信号时所需

进入色谱柱的物质的最小量。一般认为恰能辨别的响应信号，最小应为噪声的两倍。

最小检测浓度系指最小检测量与进样量（体积）之比。

（6）某些离子选择电极法规定：当校准曲线的直线部分外延的延长线与通过空白电位且平行于浓度轴的直线相交时，其交点所对应的浓度值即为该离子选择电极法的检出限。

8.6 测定限

测定限为定量范围的两端，分别为测定上限与测定下限。

8.6.1 测定下限

测定下限指在测定误差能满足预定要求的前提下，用特定方法能准确地定量测定物质的最小浓度或量。

测定下限反映出分析方法能准确地定量测定低浓度水平待测物质的极限可能性。在没有（或消除了）系统误差的前提下，它受精密度要求的限制（精密度通常以相对标准偏差表示）。分析方法的精密度要求越高，测定下限高于检出限越多。

美国 EPA SW-846 规定 4MDL 为定量下限（RQL），即 4 倍检出限浓度作为测定下限，其测定值的相对标准偏差约为 10%。

8.6.2 测定上限

测定上限指在限定误差能满足预定要求的前提下，用特定方法能准确地定量测量待测物质的最大浓度或量。

对没有（或消除了）系统误差的特定分析方法的精密度要求不同，测定上限也将不同。

8.7 最佳测定范围

最佳测定范围指在限定误差能满足预定要求的前提下，特定方法的测定下限至测定上限之间的浓度范围。在此范围内能够准确地定量测定待测物质的浓度或量。

最佳测定范围应小于方法的适用范围。对测量结果的精密度（通常以相对标准偏差表示）要求越高，相应的最佳测定范围越小。

8.8 校准曲线

校准曲线指描述待测物质浓度或量与相应的测量仪器响应量或其他指示量之间的定量关系的曲线。校准曲线包括工作曲线和标准曲线。工作曲线使用标准溶液的分析步骤与样品分析步骤完全相同，经过了与水样相同的消解、净化、测量等全过程；标准曲线使用标准溶液的分析步骤与样品分析步骤相比有所省略，如省略样品的前处理，这对于基体复杂的样品往往造成较大误差。

凡应用校准曲线的分析方法，都是在样品测得信号值后，从校准曲线上查得其含量（或浓度）。因此，绘制准确的校准曲线，直接影响到样品分析结果的准确与否。此外，校准曲线也确定了方法的测定范围。

8.9 加标回收

在测定样品的同时，于同一样品的子样中加入一定量的标准物质进行测定，将其测定结果扣除样品的测定值，以计算回收率。

加标回收率的测定可以反映测试结果的准确度。当按照平行加标进行回收率测定时，所得结果既可以反映测试结果的准确度，也可以判断其精密度。

8.10 样品空白

样品分析的响应值（如吸光度、峰高等），通常不仅是样品中待测物质的响应值，还包括其他所有因素（如试剂中的杂质，器皿、环境及操作过程中的沾污等）的响应值。由于影响空白值的各种因素大小经常变化，为了解这些因素的综合影响，在分析样品的同时，每次均应作空白实验。

样品空白主要包括全程序空白、实验室空白、现场空白、采样器具空白等，测定结果一般应低于方法检出限。

8.11 误差

8.11.1 真值

指在某一时刻、某一位置或状态下，某量的效应体现出的客观值或实际值称为真值。真值包括理论真值、约定真值和相对真值。

理论真值指如三角形内角之和等于180°。

约定真值指由国际计量大会定义的单位的值即为约定真值。国际计量大会决议约定的国际单位（SI）包括基本单位、辅助单位和导出单位。

相对真值指标准器（包括标准物质）给出的数值为相对真值。

8.11.2 误差

环境监测常需使用各种测试方法去完成。由于被测量的数值形式通常不能以有限位数表示，又由于认识能力的不足和科学技术水平的限制，测量值及其真值并不完全一致，表现在数值上的这种差异即为误差。任何测量结果都具有误差，误差存在于一切测量的全过程中。

附录

附录 1　常用样品采样和保存技术

附表 1-1　常用地表水监测项目的采样和保存技术

（来源：HJ 493—2009 水质样品的保存和管理技术规定）

序号	测试项目/参数	采样容器	保存方法及保存剂用量	可保存时间	最少采样量/mL	容器洗涤	备注
1	pH	P 或 G		12 h	250	Ⅰ	尽量现场测定
2	色度	P 或 G		12 h	250	Ⅰ	尽量现场测定
3	浊度	P 或 G		12 h	250	Ⅰ	尽量现场测定
4	气味	G	1～5 ℃冷藏	6 h	500		大量测定可带离现场
5	电导率	P 或 BG		12 h	250	Ⅰ	尽量现场测定
6	悬浮物	P 或 G	1～5 ℃暗处	14 d	500	Ⅰ	
7	酸度	P 或 G	1～5 ℃暗处	30 d	500	Ⅰ	
8	碱度	P 或 G	1～5 ℃暗处	12 h	500	Ⅰ	
9	二氧化碳	P 或 G	水样充满容器，低于取样温度	24 h	500		最好现场测定
10	溶解性固体（干残渣）	见“总固体（总残渣）”					
11	总固体（总残渣，干残渣）	P 或 G	1～5 ℃冷藏	24 h	100		

（续表）

序号	测试项目/参数	采样容器	保存方法及保存剂用量	可保存时间	最少采样量/mL	容器洗涤	备注
12	化学需氧量	G	用 H_2SO_4 酸化，pH≤2	2 d	500	Ⅰ	
		P	−20 ℃冷冻	1月	100		最长6月
13	高锰酸盐指数	G	1～5 ℃暗处冷藏	2 d	500	Ⅰ	尽快分析
		P	−20 ℃冷冻	1月	500		
14	五日生化需氧量	溶解氧瓶	1～5 ℃暗处冷藏	12 h	250	Ⅰ	
		P	−20 ℃冷冻	1月	1 000		冷冻最长可保持6月（质量浓度小于50 mg/L保存1月）
15	总有机碳	G	用 H_2SO_4 酸化，pH≤2；1～5 ℃	7 d	250	Ⅰ	
		P	−20 ℃冷冻	1月	100		
16	溶解氧	溶解氧瓶	加入硫酸锰，碱性KI叠氮化钠溶液，现场固定	24 h	500	Ⅰ	尽量现场测定
17	总磷	P或G	用 H_2SO_4 酸化，HCl酸化至pH≤2	24 h	250	Ⅳ	
		P	−20 ℃冷冻	1月	250		
18	溶解性正磷酸盐	见“溶解磷酸盐”					
19	总正磷酸盐	见“总磷”					
20	溶解磷酸盐	P或G或BG	1～5 ℃冷藏	1月	250		采样时现场过滤
		P	−20 ℃冷冻	1月	250		
21	氨氮	P或G	用 H_2SO_4 酸化，pH≤2	24 h	250	Ⅰ	
22	氨类（易释放、离子化）	P或G	用 H_2SO_4 酸化，pH 1～2；1～5 ℃	21 d	500		保存前现场离心
		P	−20 ℃冷冻	1月	500		
23	亚硝酸盐氮	P或G	1～5 ℃冷藏避光保存	24 h	250	Ⅰ	

（续表）

序号	测试项目/参数	采样容器	保存方法及保存剂用量	可保存时间	最少采样量/mL	容器洗涤	备注
24	硝酸盐氮	P 或 G	1～5 ℃冷藏	24 h	250	Ⅰ	
		P 或 G	用 HCl 酸化，pH 1～2	7 d	250		
		P	−20 ℃冷冻	1 月	250		
25	凯氏氮	P 或 BG	用 H_2SO_4 酸化，pH 1～2，1～5 ℃避光	1 月	250		
		P	−20 ℃冷冻	1 月	250		
26	总氮	P 或 G	用 H_2SO_4 酸化，pH 1～2	7 d	250	Ⅰ	
		P	−20 ℃冷冻	1 月	500		
27	硫化物	P 或 G	水样充满容器。1 L 水样加 NaOH 至 pH 为 9，加入 5% 抗坏血酸 5 mL，饱和 EDTA 3 mL，滴加饱和 $Zn(Ac)_2$，至胶体产生，常温避光	24 h	250	Ⅰ	
28	硼	P	水样充满容器密封	1 月	100		
29	总氰化物	P 或 G	加 NaOH 到 pH≥9；1～5 ℃冷藏	7 d，如果硫化物存在，保存 12 h	250	Ⅰ	
30	pH 为 6 时释放的氰化物	P	加 NaOH 到 pH＞12；1～5 ℃暗处冷藏	24 h	500		
31	易释放氰化物	P	加 NaOH 到 pH＞12；1～5 ℃暗处冷藏	7 d	500		24 h（存在硫化物时）
32	F^-	P	1～5 ℃，避光	14 d	250	Ⅰ	
33	Cl^-	P 或 G	1～5 ℃，避光	30 d	250	Ⅰ	
34	Br^-	P 或 G	1～5 ℃，避光	14 h	250	Ⅰ	
35	I^-	P 或 G	NaOH，pH 12	14 h	250	Ⅰ	
36	SO_4^{2-}	P 或 G	1～5 ℃，避光	30 d	250	Ⅰ	
37	PO_4^{3-}	P 或 G	NaOH，H_2SO_4 pH＝7，$CHCl_3$ 0.5%	7 d	250	Ⅳ	
38	NO_2，NO_3	P 或 G	1～5 ℃冷藏	24 h	500		保存前现场过滤
		P	−20 ℃冷冻	1 月	500		

（续表）

序号	测试项目/参数	采样容器	保存方法及保存剂用量	可保存时间	最少采样量/mL	容器洗涤	备注
39	碘化物	G	1～5 ℃冷藏	1月	500		
40	溶解性硅酸盐	P	1～5 ℃冷藏	1月	200		现场过滤
41	总硅酸盐	P	1～5 ℃冷藏	1月	100		
42	硫酸盐	P或G	1～5 ℃冷藏	1月	200		
43	亚硫酸盐	P或G	水样充满容器。100 mL加1 mL 2.5% EDTA溶液，现场固定	2 d	500		
44	阳离子表面活性剂	G甲醇清洗	1～5 ℃冷藏	2 d	500		不能用溶剂清洗
45	阴离子表面活性剂	P或G	1～5 ℃冷藏，用 H_2SO_4 酸化，pH 1～2	2 d	500	Ⅳ	不能用溶剂清洗
46	非离子表面活性剂	G	水样充满容器。1～5 ℃冷藏，加入37%甲醛，使样品成为含1%的甲醛溶液	1月	500		不能用溶剂清洗
47	溴酸盐	P或G	1～5 ℃	1月	100		
48	溴化物	P或G	1～5 ℃	1月	100		
49	残余溴	P或G	1～5 ℃避光	24 h	500		最好在采集5 min内现场分析
50	氯胺	P或G	避光	5 min	500		
51	氯酸盐	P或G	1～5 ℃冷藏	7 d	500		
52	氯化物	P或G		1月	100		
53	氯化溶剂	G，使用聚四氟乙烯瓶盖	水样充满容器。1～5 ℃冷藏；用HCl酸化，pH 1～2 如果样品加氯，250 mL水样加20 mg $Na_2S_2O_3 \cdot 5H_2O$	24 h	250		
54	二氧化氯	P或G	避光	5 min	500		最好在采集后5 min内现场分析
55	余氯	P或G	避光	5 min	500		最好在采集后5 min内现场分析

（续表）

序号	测试项目/参数	采样容器	保存方法及保存剂用量	可保存时间	最少采样量/mL	容器洗涤	备注
56	亚氯酸盐	P或G	避光 1～5 ℃冷藏	5 min	500		最好在采集后 5 min内现场分析
57	氟化物	P(聚四氟乙烯除外)		1月	200		
58	铍	P或G	1 L水样中加浓 HNO_3 10 mL酸化	14 d	250	酸洗Ⅲ	
59	硼	P	1 L水样中加浓 HNO_3 10 mL酸化	14 d	250	酸洗Ⅰ	
60	钠	P	1 L水样中加浓 HNO_3 10 mL酸化	14 d	250	Ⅱ	
61	镁	P或G	1 L水样中加浓 HNO_3 10 mL酸化	14 d	250	酸洗Ⅱ	
62	钾	P	1 L水样中加浓 HNO_3 10 mL酸化	14 d	250	酸洗Ⅱ	
63	钙	P或G	1 L水样中加浓 HNO_3 10 mL酸化	14 d	250	Ⅱ	
64	六价铬	P或G	NaOH，pH 8～9	14 d	250	酸洗Ⅲ	
65	铬	P或G	1 L水样中加浓 HNO_3 10 mL酸化	1月	100	酸洗	
66	锰	P或G	1 L水样中加浓 HNO_3 10 mL酸化	14 d	250	Ⅲ	
67	铁	P或G	1 L水样中加浓 HNO_3 10 mL酸化	14 d	250	Ⅲ	
68	镍	P或G	1 L水样中加浓 HNO_3 10 mL酸化	14 d	250	Ⅲ	
69	铜	P	1 L水样中加浓 HNO_3 10 mL酸化	14 d	250	Ⅲ	
70	锌	P	1 L水样中加浓 HNO_3 10 mL酸化	14 d	250	Ⅲ	

（续表）

序号	测试项目/参数	采样容器	保存方法及保存剂用量	可保存时间	最少采样量/mL	容器洗涤	备注
71	砷	P 或 G	1 L 水样中加浓 HNO_3 10 mL（DDTC 法，HCl 2 mL）	14 d	250	Ⅲ	使用氢化物技术分析砷用盐酸
72	硒	P 或 G	1 L 水样中加浓 HCl 2 mL 酸化	14 d	250	Ⅲ	
73	银	P 或 G	1 L 水样中加浓 HNO_3 2 mL 酸化	14 d	250	Ⅲ	
74	镉	P 或 G	1 L 水样中加浓 HNO_3 10 mL 酸化	14 d	250	Ⅲ	如用溶出伏安法测定，可改用 1 L 水样中加浓 $HClO_4$ 19 mL
75	锑	P 或 G	HCl，0.2%（氢化物法）	14 d	250	Ⅲ	
76	汞	P 或 G	HCl，1%，如水样为中性，1 L 水样中加浓 HCl 10 mL	14 d	250	Ⅲ	
77	铅	P 或 G	HNO_3，1%，如水样为中性，1 L 水样中加浓 HNO_3 10 mL	14 d	250	Ⅲ	如用溶出伏安法测定，可改用 1 L 水样中加浓 $HClO_4$ 19 mL
78	铝	P 或 G 或 BG	用 HNO_3 酸化，pH 1～2	1 月	100	酸洗	
79	铀	酸洗 P 或酸洗 BG	用 HNO_3 酸化，pH 1～2	1 月	200		
80	钒	酸洗 P 或酸洗 BG	用 HNO_3 酸化，pH 1～2	1 月	100		
81	总硬度	见“钙”					
82	二价铁	P 酸洗或 BG 酸洗	用 HCl 酸化，pH 1～2，避免接触空气	7 d	100		
83	总铁	P 酸洗或 BG 酸洗	用 HNO_3 酸化，pH 1～2	1 月	100		
84	锂	P	用 HNO_3 酸化，pH 1～2	1 月	100		
85	钴	P 或 G	用 HNO_3 酸化，pH1～2	1 月	100	酸洗	

（续表）

序号	测试项目/参数	采样容器	保存方法及保存剂用量	可保存时间	最少采样量/mL	容器洗涤	备注
86	重金属化合物	P 或 BG	用 HNO_3 酸化，pH 1～2	1 月	500		最长 6 月
87	石油及衍生物	见"碳氢化合物"					
88	油类	溶剂洗 G	用 HCl 酸化至 pH≤2	7 d	250	Ⅱ	
89	酚类	G	1～5 ℃避光。用磷酸调至 pH≤2，加入抗坏血酸 0.01～0.02 g 除去残余氯	24 h	1 000	Ⅰ	
90	苯酚指数	G	添加硫酸铜，磷酸酸化至 pH＜4	21 d	1 000		
91	可吸附有机卤化物	P 或 G	水样充满容器。用 HNO_3 酸化，pH 1～2；1～5 ℃避光保存	5 d	1 000		
		P	－20 ℃冷冻	1 月	1 000		
92	挥发性有机物	G	用(1＋10)HCl 调至 pH≤2，加入抗坏血酸 0.01～0.02 g 除去残余氯；1～5 ℃避光保存	12 h	1 000		
93	除草剂类	G	加入抗坏血酸 0.01～0.02 g 除去残余氯；1～5 ℃避光保存	24 h	1 000	Ⅰ	
94	酸性除草剂	G(带聚四氟乙烯瓶塞或膜)	HCl，pH 1～2，1～5 ℃冷藏，如果样品加氯，1 000 mL水样加 80 mg $Na_2S_2O_3 \cdot 5H_2O$	14 d	1 000	萃取样品同时萃取采样容器	不能用水样冲洗采样容器，不能水样充满容器
95	邻苯二甲酸酯类	G	加入抗坏血酸 0.01～0.02 g 除去残余氯；1～5 ℃避光保存	24 h	1 000	Ⅰ	
96	甲醛	G	加入 0.2～0.5 g/L 硫代硫酸钠除去残余氯；1～5 ℃避光保存	24 h	250	Ⅰ	
97	杀虫剂(包含有机氯、有机磷、有机氮)	G(溶剂洗，带聚四氟乙烯瓶盖)或 P(适用草甘膦)	1～5 ℃冷藏	萃取 5 d	1 000～3 000 不能用水样冲洗采样容器，不能水样充满容器		萃取应在采样后 24 h 内完成

（续表）

序号	测试项目/参数	采样容器	保存方法及保存剂用量	可保存时间	最少采样量/mL	容器洗涤	备注
98	氨基甲酸酯类杀虫剂	G溶剂洗	1～5 ℃	14 d	1 000		如果样品被加氯，1 000 mL水加80 mg $Na_2S_2O_3 \cdot 5H_2O$
		P	−20 ℃冷冻	1月	1 000		
99	叶绿素	P或G	1～5 ℃冷藏	24 h	1 000		棕色采样瓶
		P	用乙醇过滤萃取后，−20 ℃冷冻	1月	1 000		
		P	过滤后−80 ℃冷冻	1月	1 000		
100	清洁剂	见“表面活性剂”					
101	肼	G	用HCl酸化到pH=1，避光	24 h	500		
102	碳氢化合物	G溶剂（如戊烷）萃取	用HCl或H_2SO_4酸化，pH 1～2	1月	1 000		现场萃取不能用水样冲洗采样容器，不能水样充满容器
103	单环芳香烃	G（带聚四氟乙烯薄膜）	水样充满容器。用H_2SO_4酸化，pH 1～2如果样品加氯，采样前1000 mL样加80 mg $Na_2S_2O_3 \cdot 5H_2O$	7 d	500		
104	有机氯	见“可吸附有机卤化物”					
105	有机金属化合物	G	1～5 ℃冷藏	7 d	500		萃取应带离现场
106	多氯联苯	G溶剂洗，带聚四氟乙烯瓶盖	1～5 ℃冷藏	7 d	1 000		尽可能现场萃取。不能用水样冲洗采样容器，如果样品加氯，采样前1 000 mL样加80 mg $Na_2S_2O_3 \cdot 5H_2O$
107	多环芳烃	G溶剂洗，带聚四氟乙烯瓶盖	1～5 ℃冷藏	7 d	500		尽可能现场萃取。如果样品加氯，采样前1 000 mL样加80 mg $Na_2S_2O_3 \cdot 5H_2O$

（续表）

序号	测试项目/参数	采样容器	保存方法及保存剂用量	可保存时间	最少采样量/mL	容器洗涤	备注
108	三卤甲烷类	G，带聚四氟乙烯薄膜的小瓶	1～5 ℃冷藏，水样充满容器	14 d	100		如果样品加氯，采样前 100 mL 样加 8 mg $Na_2S_2O_3 \cdot 5H_2O$

注：(1)P 为聚乙烯瓶(桶)，G 为硬质玻璃瓶，BG 为硼硅酸盐玻璃瓶。

(2)d 表示天，h 表示小时，min 表示分钟。

(3)Ⅰ、Ⅱ、Ⅲ、Ⅳ表示四种洗涤方法。如下：

Ⅰ：洗涤剂洗一次，自来水洗三次，蒸馏水洗一次。对于采集微生物和生物的采样容器，须经 160 ℃ 干热灭菌 2 h。经灭菌的微生物和生物采样容器必须在两周内使用，否则应重新灭菌。经 121 ℃ 高压蒸汽灭菌 15 min 的采样容器，如不立即使用，应于 60 ℃ 将瓶内冷凝水烘干，两周内使用。细菌检测项目采样时不能用水样冲洗采样容器，不能采混合水样，应单独采样 2 h 后送监测机构分析。

Ⅱ：洗涤剂洗一次，自来水洗二次，(1+3)HNO_3荡洗一次，自来水洗三次，蒸馏水洗一次。

Ⅲ：洗涤剂洗一次，自来水洗二次，(1+3)HNO_3荡洗一次，自来水洗三次，去离子水洗一次。

Ⅳ：铬酸洗液洗一次，自来水洗三次，蒸馏水洗一次。如果采集污水样品可省去用蒸馏水、去离子水清洗的步骤。

附表 1-2　常用污水监测项目的采样和保存技术

（来源：HJ 91.1—2019 污水监测技术规范）

序号	项目	采样容器[1]	采集或保存方法	保存期限	建议采样量[2]/mL	备注
1	pH 值	P 或 G		12 h	250	
2	色度	P 或 G		12 h	1000	
3	悬浮物	P 或 G	冷藏[a]，避光	14 d	500	
4	五日生化需氧量	溶解氧瓶	冷藏[a]，避光	12 h	250	
		P	−20 ℃冷冻	30 d	1000	
5	化学需氧量	G	H_2SO_4，pH≤2	2 d	500	
		P	−20 ℃冷冻	30 d	100	
6	氨氮	P 或 G	H_2SO_4，pH≤2	24 h	250	
		P 或 G	H_2SO_4，pH≤2，冷藏[a]	7 d	250	
7	总氮	P 或 G	H_2SO_4，pH≤2	7 d	250	
		P	−20 ℃冷冻	30 d	500	
8	总磷	P 或 G	HCl，H_2SO_4，pH≤2	24 h	250	
		P	−20 ℃冷冻	30 d	250	

（续表）

序号	项目	采样容器[1]	采集或保存方法	保存期限	建议采样量[2]/mL	备注
9	石油类和动植物油类	G	HCl，pH≤2	7 d	500	
10	挥发酚	G	H_3PO_4，pH 约为 2，用 0.01～0.02 g 抗坏血酸除去残余氯	24 h	1 000	
11	总有机碳	G	H_2SO_4，pH≤2	7 d	250	
		P	−20 ℃冷冻	30 d	100	
12	阴离子表面活性剂	P 或 G		24 h	250	
		G	1%（V/V）的甲醛，冷藏[a]	4 d		
13	可吸附有机卤素	G	水样充满采样瓶，HNO_3，pH 1～2，冷藏[a]，避光	5 d	1 000	
14	急性毒性	G（带聚四氟乙烯衬垫瓶盖）	水样充满采样瓶，采样后密封瓶口，冷藏[a]	24 h		
15	氟化物	P	冷藏[a]，避光	14 d	250	
16	氯化物	P 或 G	冷藏[a]，避光	30 d	250	
17	余氯	P 或 G	避光	5 min	500	最好在采集后 5 min 内现场分析
18	二氧化氯	P 或 G	避光	5 min	500	最好在采集后 5 min 内现场分析
19	溴化物	P 或 G	冷藏[a]，避光	14 h	250	
20	碘化物	P 或 G	NaOH，pH 约为 12	14 h	250	
21	单质磷	P 或 G	pH 6～7	48 h		
22	磷酸盐	P 或 G	NaOH，H_2SO_4 调 pH 约为 7，$CHCl_3$ 0.5%	7 d	250	
23	硫化物	P 或 G	水样充满容器。1 L 水样加 NaOH 至 pH 约为 9，加入 5%抗坏血酸 5 mL，饱和 EDTA3 mL，滴加饱和 $Zn(AC)_2$ 至胶体产生，常温蔽光	24 h	250	
24	硫酸盐	P 或 G	冷藏[a]，避光	30 d	250	

（续表）

序号	项目	采样容器[1]	采集或保存方法	保存期限	建议采样量[2]/mL	备注
25	硫氰酸盐	G	1 L 水样中加入 2.5 g Na_2SO_3，在不断摇动下加 100 g/L NaOH 溶液调至 pH≥12，冷藏[a]	24 h		
26	硝酸盐氮	P 或 G	冷藏[a]，避光	24 h	250	
		P 或 G	HCl，pH 1～2	7 d	250	
		P	－20 ℃冷冻	30 d	250	
27	亚硝酸盐氮	P 或 G	冷藏[a]，避光	24 h	250	
28	氰化物	P 或 G	NaOH，pH≥9，冷藏[a]	7 d	250	如果硫化物存在，保存 12 h
29	汞	P 或 G	HCl 1%，如水样为中性，1 L 水样中加浓 HCl 10 mL	14 d	250	
30	铬	P 或 G	HNO_3，1 L 水样中加浓 HNO_3 10 mL	30 d	100	
31	六价铬	P 或 G	NaOH，pH 8～9	14 d	250	
32	银	P 或 G	HNO_3，1 L 水样中加浓 HNO_3 10 mL	14 d	250	
33	铍	P 或 G	HNO_3，1 L 水样中加浓 HNO_3 10 mL	14 d	250	
34	钠	P	HNO_3，1L 水样中加浓 HNO_3 10 mL	14 d	250	
35	镁	P 或 G	HNO_3，1 L 水样中加浓 HNO_3 10 mL	14 d	250	
36	钾	P	HNO_3，1 L 水样中加浓 HNO_3 10 mL	14 d	250	
37	钙	P 或 G	HNO_3，1 L 水样中加浓 HNO_3 10 mL	14 d	250	
38	锰	P 或 G	HNO_3，1 L 水样中加浓 HNO_3 10 mL	14 d	250	
39	铁	P 或 G	HNO_3，1 L 水样中加浓 HNO_3 10 mL	14 d	250	
40	镍	P 或 G	HNO_3，1 L 水样中加浓 HNO_3 10 mL	14 d	250	
41	铜	P	HNO_3，1 L 水样中加浓 HNO_3 10 mL，如用溶出伏安法测定，可改用 1 L 水样中加 19 mL 浓 $HClO_4$	14 d	250	
42	锌	P	HNO_3，1 L 水样中加浓 HNO_3 10 mL，如用溶出伏安法测定，可改用 1 L 水样中加 19 mL 浓 $HClO_4$	14 d	250	

（续表）

序号	项目	采样容器[1]	采集或保存方法	保存期限	建议采样量[2]/mL	备注
43	砷	P或G	HNO_3，1 L水样中加浓 HNO_3 10 mL，DDTC法，HCl 2 mL，如用原子荧光法测定，1 L水样中加10 mL浓HCl	14 d	250	
44	镉	P或G	HNO_3，1 L水样中加浓 HNO_3 10 mL，如用溶出伏安法测定，可改用1 L水样中加19 mL浓 $HClO_4$	14 d	250	
45	锑	P或G	HCl，0.2%（氢化物法），如用原子荧光法测定，1 L水样中加10 mL浓HCl	14 d	250	
46	铅	P或G	HNO_3，1%，如水样为中性，1 L水样中加浓 HNO_3 10 mL，如用溶出伏安法测定，可改用1 L水样中加19 mL浓 $HClO_4$	14 d	250	
47	硼	P	HNO_3，1 L水样中加浓 HNO_3 10 mL	14 d	250	
48	硒	P或G	HCl，1 L水样中加浓HCl 2 mL，如用原子荧光法测定，1 L水样中加10 mL浓HCl	14 d	250	
49	锂	P	HNO_3，pH 1～2	30 d	100	
50	钒	P	HNO_3，pH 1～2	30 d	100	
51	钴	P或G	HNO_3，pH 1～2	30 d	100	
52	铝	P或G	HNO_3，pH 1～2	30 d	100	
53	铊	P或G	HNO_3，1 L水样中加浓 HNO_3 10 mL	14 d	1000	
54	钼	P或G	HNO_3，pH 1～2	14 d		
55	烷基汞	P	如在数小时内样品不能分析，应在样品瓶中预先加入 $CuSO_4$，加入量为每升1 g（水样处理时不再加入），冷藏[a]		2 500	
56	农药类	G	加入抗坏血酸0.01～0.02 g除去残余氯，冷藏[a]，避光	24 h	1 000	
57	杀虫剂（包含有机氯、有机磷、有机氮）	G（带聚四氟乙烯瓶盖）或P盖）或（适用草甘膦）	冷藏[a]	24 h（萃取）5 d（测定）	1 000～3 000	

（续表）

序号	项目	采样容器[1]	采集或保存方法	保存期限	建议采样量[2]/mL	备注
58	氨基甲酸酯类杀虫剂	G	冷藏[a]	14 d	1 000	如水样中有余氯，每1 L样品中加入80 mg $Na_2S_2O_3 \cdot 5H_2O$
59	除草剂类	G	加入抗坏血酸0.01～0.02 g除去残余氯，冷藏[a]，避光	24 h	1 000	
60	挥发性有机物	G	用(1＋10)HCl调至pH约为2，加入0.01～0.02 g抗坏血酸除去残余氯，冷藏[a]，避光	12 h	1 000	
61	挥发性卤代烃	G(棕色，带聚四氟乙烯瓶盖)	如果水样含有余氯，向采样瓶中加入0.3～0.5 g抗坏血酸或$Na_2S_2O_3 \cdot 5H_2O$。采样时样品沿瓶壁注入，防止气泡产生，水样充满后不留液上空间，冷藏[a]	7 d	40	所有样品均采集平行样
62	甲醛	G	加入0.2～0.5 g/L $Na_2S_2O_3 \cdot 5H_2O$除去残余氯，冷藏[a]，避光	24 h	250	
63	三氯乙醛	G	中性条件下冷藏[a]	3 d		
64	丙烯醛	G(棕色，带聚四氟乙烯衬垫瓶盖)	采样前须加入0.3 g抗坏血酸于样品瓶中；采集样品时，应使水样在样品瓶中溢流而不留气泡，再加入数滴(1＋9)(V/V)H_3PO_4溶液固定，使样品的pH值为4～5，冷藏[a]，避光	5 d	40	
65	三乙胺	G		24 h		
66	丙烯酰胺	G(棕色，带聚四氟乙烯衬垫瓶盖)	冷藏[a]，避光	7 d(萃取) 30 d(测定)	250	
67	酚类	G	H_3PO_4，pH约为2，用0.01～0.02 g抗坏血酸除去残余氯，冷藏[a]，避光	24 h	1 000	
68	邻苯二甲酸酯类	G	加入抗坏血酸0.01～0.02 g除去残余氯，冷藏[a]，避光	24 h	1 000	
69	肼	G	HCl，pH约为1，避光	24 h	500	
70	苯系物	G	水样充满容器，并加盖瓶塞，冷藏[a]	14 d		

（续表）

序号	项目	采样容器[1]	采集或保存方法	保存期限	建议采样量[2]/mL	备注
71	氯苯	G	水样充满容器，并加盖瓶塞，不得有气泡。冷藏[a]	7 d	1 000	
72	多氯联苯	G（带聚四氟乙烯瓶盖）	冷藏[a]	7 d	1 000	如水样中有余氯，每1 L样品中加入80 mg $Na_2S_2O_3\cdot5H_2O$
73	多环芳烃	G（带聚四氟乙烯瓶盖）	冷藏[a]	7 d	500	如水样中有余氯，每1 L样品中加入80 mg $Na_2S_2O_3\cdot5H_2O$
74	二噁英类	对二噁英类无吸附作用的不锈钢或玻璃材质可密封器具	4～10 ℃的暗冷处，密封遮光			尽快进行分析测定
75	吡啶	G	水样充满容器，赶出气泡，塞紧瓶塞（瓶塞不能使用橡皮塞或木塞），冷藏[a]	48 h		
76	梯恩梯、黑索今、地恩梯	G（棕色）	冷藏[a]，避光	7 d（萃取）30 d（测定）		
77	彩色显影剂总量	G（棕色）	水样充满容器，避免光、热和剧烈振动；按1 L样品中加入0.1 g Na_2SO_3的比例加入保护剂，冷藏[a]	48 h		
78	显影剂及其氧化物总量	G（棕色）或P	避免光、热和剧烈振动；按1 L样品中加入0.1 g Na_2SO_3的比例加入保护剂，冷藏[a]	48 h		
79	总大肠菌群和粪大肠菌群、细菌总数、大肠菌总数、粪大肠菌、粪链球菌、沙门氏菌、志贺氏菌等	G（灭菌）或无菌袋	与其他项目一同采样时，先单独采集微生物样品，不预洗采样瓶，冷藏[a]，避光，样品采集至采样瓶体积的80%左右，冷藏[a]	6 h	250	如水样中有余氯，每1 L样品中加入80 mg $Na_2S_2O_3\cdot5H_2O$

（续表）

序号	项目	采样容器[1]	采集或保存方法	保存期限	建议采样量[2]/mL	备注
80	蛔虫卵	P	常温下运回监测机构，立即进行过滤和沉淀		10 L	
81	总α放射性、总β放射性	P	HNO_3，1 L 水样中加浓 HNO_3 10 mL	30 d	2 000	如果样品已蒸发，不酸化
82	铀	P		30 d	2 000	

注：1. P为聚乙烯瓶等材质塑料容器，G为硬质玻璃容器。

2. 每个监测项目的建议采样量应保证满足分析所需的最小采样量，同时考虑重复分析和质量控制等的需要。

a. 冷藏温度范围为：0～5 ℃。

附表 1-3　常用气体监测项目的采样和保存技术

序号	项目名称	采样方式	配套分析方法	保存方法	来源
1	二氧化硫	吸收瓶	甲醛法	运输和贮存过程中应避免阳光照射	HJ 482—2009
2	二氧化氮/一氧化氮	吸收瓶	盐酸萘乙二胺分光光度法	样品采集、运输及存放过程中避光保存，样品采集后尽快分析。若不能及时测定，将样品于低温暗处存放，样品在 30 ℃暗处存放，可稳定 8 h；在 20 ℃暗处存放，可稳定 24 h；于 0～4 ℃冷藏，至少可稳定 3 d	HJ 479—2009
3	氯气	吸收瓶	碘量法	样品采集后应尽快分析，当天不能测定的应于 4 ℃下冷藏保存，48 h 内完成分析	HJ 547—2017
4	氨	吸收瓶	纳氏试剂法	采样后应尽快分析，以防止吸收空气中的氨。若不能立即分析，应 2～5 ℃冷藏，7 d 分析完毕	HJ 533—2009
5	苯系物	活性炭吸附管	气相色谱法	二硫化碳解析吸收管样品在采样后立即用聚四氟乙烯帽密封两端，避光保存，室温条件下 8 h 内分析。否则置于－20 ℃冰箱，1 d 内分析	HJ 584—2010
		热脱附吸收管	气相色谱法	热脱附吸收管样品在采样后立即用聚四氟乙烯帽密封两端，4 ℃避光保存，30 d 内分析	HJ 583—2010

（续表）

序号	项目名称	采样方式	配套分析方法	保存方法	来源
6	挥发性有机物	气袋	气相色谱法	采样结束后气袋样品立即放入避光保温容器内保存，直至分析前取出	HJ 732—2014
		吸附管	气相色谱法	热脱附吸收管样品在采样后立即密封两端或装入专用套管内，外包裹一层铝箔纸，立即送监测机构分析。不能立即分析的，密封包裹铝箔纸后的样品应放入含活性炭或活性炭硅胶混合物的干燥器内，干燥器须置于无有机污染的冰箱中，4 ℃下冷藏保存，7 d内分析	HJ 644—2013
		罐	气相色谱法	样品常温下保存，尽快分析，20 d内分析完毕	HJ 759—2015
7	甲烷、非甲烷总烃、总烃	气袋	气相色谱法	采样结束后气袋样品立即放入避光保温容器内保存，直至分析前取出。	废气 HJ 38—2017 空气 HJ 604—2017
		注射器	气相色谱法	采样结束后注射器用惰性材质密封头密封，样品立即放入避光保温的容器内保存，直至样品分析前取出。	
8	颗粒物	滤膜	重量法	$PM_{2.5}$样品采样完后尽快平衡称重，或4 ℃下密闭冷藏保存，最多不超过30 d	HJ 656—2013 HJ 618—2011
		滤膜	重量法	废气颗粒物样品妥善保存，避免污染	HJ 836—2018
9	氯化氢	吸收瓶/滤膜	离子色谱法	样品采集后用聚四氟乙烯管密封，0～4 ℃冷藏保存，48 h内分析	HJ 549—2009
10	苯并[α]芘	滤膜	高效液相色谱	采样后滤膜避光密封保存，20 ℃以下2个月内完成提取，制备好的试样4 ℃以下避光保存，30 d内分析	HJ 956—2018
11	氟化物	滤膜	氟离子电极法	样品采集后置于监测机构内干燥器中（不加干燥剂），40 d内完成分析	HJ 480—2009 HJ 481—2009
12	铅等重金属	滤膜	ICP-MS	滤膜样品采样后滤膜有尘面两次向内对折，放入样品盒或纸袋内保存；滤筒样品采样后封口对内折叠，竖直放回原采样套筒内密闭保存。分析前样品保存在15～30 ℃环境中，样品保存最长期限180d	HJ 194—2017

附表 1-4 土壤新鲜样品的保存条件和保存时间

（来源：HJ/T 166 土壤环境监测技术规范）

测试项目	容器材质	温度/℃	可保存时间/d	备注
金属（汞和六价铬除外）	聚乙烯、玻璃	<4	180	
汞	玻璃	<4	28	
砷	聚乙烯、玻璃	<4	180	
六价铬	聚乙烯、玻璃	<4	1	
氰化物	聚乙烯、玻璃	<4	2	
挥发性有机物	玻璃（棕色）	<4	7	采样瓶装满、装实并密封
半挥发性有机物	玻璃（棕色）	<4	10	采样瓶装满、装实并密封
难挥发性有机物	玻璃（棕色）	<4	14	

附表 1-5 常用生物、微生物指标的采样和保存技术

（来源：HJ 493—2009 水质 样品的保存和管理技术规定）

待测项目	采样容器	保存方法及保存剂用量	最少采样量/mL	可保存时间	容器洗涤方法	备注
一、微生物分析						
细菌总数、大肠菌总数、粪大肠菌、粪链球菌、沙门氏菌、志贺氏菌等	灭菌容器 G	1～5 ℃冷藏		尽快（地表水、污水及饮用水）		取氯化或溴化过的水样时，所用的样品瓶消毒之前，按每 125 mL 加入 0.1 mL 10%（质量分数）的硫代硫酸钠以消除氯或溴对细菌的抑制作用。对重金属含量高于 0.01 的水样，应在容器消毒之前，按每 125 mL 容积加入 0.3 mL 15%（质量分数）的 EDTA

（续表）

待测项目	采样容器	保存方法及保存剂用量	最少采样量/mL	可保存时间	容器洗涤方法	备注
二、生物学分析（本表所列的生物分析项目，不可能包括所有的生物分析项目，仅仅是研究工作所常涉及的动植物种群）						
鉴定和计数						
底栖无脊椎动物类——大样品	P或G	加入70%乙醇	1 000	1年		样品中的水应先倒出以达到最大的防腐剂的浓度
	P或G	加入37%甲醛（用硼酸钠或四氮六甲圜调节至中性），用100 g/L福尔马林溶液稀释为3.7%甲醛（相应的1～10的福尔马林稀释液）	1 000	3月		
底栖无脊椎动物类——小样品（如参考样品）	G	加入防腐溶液，含70%乙醇37%甲醛和甘油（比例是100∶2∶1）	100	不确定		对无脊椎群，如扁形动物，须用特殊方法，以防止被破坏
藻类	G或P盖紧瓶盖	每200份，加入0.5～1份卢格氏溶液，1～5 ℃暗处冷藏	200	6月		碱性卢格氏溶液适用于新鲜水，酸性卢格氏溶液适用于带鞭毛虫的海水。如果退色，应加入更多的卢格氏溶液
浮游植物	G	见“海藻”	200	6月		暗处
浮游动物	P或G	加入37%甲醛（用硼酸钠调节至中性）稀释至3.7%，海藻加卢格氏溶液	200	1年		如果退色，应加入更多的卢格氏溶液
湿重和干重						
底栖大型、无脊椎动物、大型植物、藻类、浮游植物、浮游动物、鱼	P或G	1～5 ℃冷藏	1 000	24 h		不要冷冻到−20 ℃，尽快分析，不得超过24 h
	P或G	加入37%甲醛（用硼酸钠或四氮六甲圜调节至中性），用100 g/L福尔马林溶液稀释为3.7%甲醛（相应的1～10的福尔马林稀释液）	1 000	3月		水生附着生物和浮游植物的干重湿重测量通常以计数和鉴定环节测量的细胞体积为基础

（续表）

待测项目	采样容器	保存方法及保存剂用量	最少采样量/mL	可保存时间	容器洗涤方法	备注
灰分重量						
底栖大型无脊椎动物、大型植物、藻类、浮游植物	P或G	加入37%甲醛(用硼酸钠或四氮六甲圜调节至中性)，用100 g/L福尔马林溶液稀释为3.7%甲醛(相应的1～10的福尔马林稀释液)	1 000	3月		水生附着生物和浮游植物的干重湿重测量通常以计数和鉴定环节测量的细胞体积为基础
干重和灰分重量						
浮游动物		玻璃纤维滤器过滤并－20 ℃冷冻	200	6月		
毒性试验						
	P或G	1～5 ℃冷藏	1 000	24 h		保存期随所用分析方法不同而不同
	P	－20 ℃冷冻	1 000	2周		

注：P为聚乙烯瓶(桶)，G为硬质玻璃瓶。

附录2　常用地表水监测项目方法检出限和空白指标要求

（来源《国家地表水环境质量监测网监测任务作业指导书》(试行)）

序号	分析项目	分析方法	方法检出限	监测机构空白数量	空白值要求
1	高锰酸盐指数	酸性法/碱性法	0.5 mg/L	至少两个	空白试样的测定值应低于方法检出限
2	化学需氧量	重铬酸钾法	5 mg/L	至少两个	—
3	五日生化需氧量	稀释接种法	0.5 mg/L	至少两个	稀释法空白试样的结果不能超过0.5 mg/L，非稀释接种法和稀释接种法空白试样的结果不能超过1.5 mg/L
4	氨氮	纳氏试剂分光光度法	0.03 mg/L	至少一个	监测机构空白的吸光度≤0.060(20 mm比色皿)

（续表）

序号	分析项目	分析方法	方法检出限	监测机构空白数量	空白值要求
5	总磷（以 P 计）	钼酸铵分光光度法	0.01 mg/L	至少一个	监测机构空白的结果应低于方法检出限
6	总氮（以 N 计）	碱性过硫酸钾消解紫外分光光度法	0.05 mg/L	至少一个	监测机构空白的校正吸光度 A_b 应小于 0.030
7	铜、铅、锌、镉	电感耦合等离子体质谱法	铜 0.08 μg/L 铅 0.09 μg/L 锌 0.70 μg/L 镉 0.05 μg/L	至少一个	空白值应满足其中一个条件：(1)低于方法检出限；(2)低于标准限值的 10%；(3)低于每一批样品最低测定值的 10%
8	铜、锌	电感耦合等离子体发射光谱法	铜 0.006 mg/L 锌 0.004 mg/L	至少两个	空白试样的测定值应低于方法检出限
9	锌	火焰原子吸收分光光度法	0.05 mg/L	至少一个	空白值应满足其中一个条件：(1)低于方法检出限；(2)低于标准限值的 10%；(3)低于每批样品最低测定值的 10%
10	铜、铅和镉	石墨炉原子吸收分光光度法	铜 0.001 mg/L 铅 0.002 mg/L 镉 0.0001 mg/L	至少两个	两个监测机构空白测定结果偏差不大于 50%
11	硒、砷、汞（总量）	原子荧光法	硒 0.40 μg/L 砷 0.30 μg/L 汞 0.04 μg/L	至少两个	空白试样的测定值应低于方法检出限
12	总汞	冷原子吸收法	0.01 μg/L	至少一个	监测机构空白的结果应小于 2.2 倍方法检出限
13	砷、硒（总量）	电感耦合等离子体质谱法	砷 0.2 μg/L 硒 0.4 μg/L	至少两个	空白值应满足其中一个条件：(1)低于方法检出限；(2)低于标准限值的 10%；(3)低于每批样品最低测定值的 10%
14	氟化物（以 F^- 计）	离子色谱法	0.006 mg/L	至少两个	空白试样的测定值应低于方法检出限
		离子选择电极法	0.05 mg/L	—	—
15	六价铬	二苯碳酰二肼分光光度法	0.004 mg/L	至少两个	监测机构空白的吸光度应不超过 0.010(30 mm 比色皿*)

（续表）

序号	分析项目	分析方法	方法检出限	监测机构空白数量	空白值要求
16	氰化物	异烟酸-吡唑啉酮分光光度法	0.004 mg/L	至少一个	空白试样的测定值应低于方法检出限
		异烟酸-巴比妥酸分光光度法	0.001 mg/L		
17	挥发酚	4-氨基安替比林萃取分光光度法	0.000 3 mg/L	至少一个	监测机构空白的吸光度小于0.08 *
18	石油类	红外分光光度法	0.01 mg/L	至少一个	空白试样的测定值应低于方法检出限
19	阴离子表面活性剂	亚甲蓝分光光度法	0.05 mg/L	至少一个	监测机构空白的吸光度不应超过0.02
20	硫化物	亚甲基蓝分光光度法	0.005 mg/L	至少一个	监测机构空白的吸光度不应超过0.015 *
21	叶绿素 a	分光光度法	2 μg/L	至少一个	空白试样的测定值应低于方法检出限
22	粪大肠菌群	多管发酵法	—	至少一个	监测机构空白的结果应为阴性
		纸片法	—	至少一个	监测机构空白的结果应为阴性
23	硝酸盐、亚硝酸盐	离子色谱法	0.02 mg/L	至少两个	空白试样的测定值应低于方法检出限
24	硝酸盐	紫外分光光度法	0.08 mg/L	—	—
25	亚硝酸盐	分光光度法	0.003 mg/L	—	—
26	硫酸盐	离子色谱法	0.03 mg/L	至少两个	空白试样的测定值应低于方法检出限
27	氯化物	离子色谱法	0.008 mg/L	—	—

（续表）

序号	分析项目	分析方法	方法检出限	监测机构空白数量	空白值要求
28	铁、锰	火焰原子吸收分光光度法	铁 0.03 mg/L 锰 0.01 mg/L	至少一个	空白试样的测定值应低于方法检出限
		电感耦合等离子体发射光谱法	铁 0.01 mg/L(水平) 锰 0.01 mg/L(水平) 铁 0.02 mg/L(垂直) 锰 0.004 mg/L(垂直)	至少两个	空白试样的测定值应低于方法检出限
		电感耦合等离子体质谱法	铁 0.82 μg/L(水平) 锰 0.12 μg/L(水平)	至少一个	空白值应满足其中一个条件：(1)低于方法检出限；(2)低于标准限值的 10%；(3)低于每批样品最低测定值的 10%
29	硅酸盐	硅钼蓝分光光度法	0.030 mg/L	—	—

注：* 代表该内容为暂定数值，还有待数据统计进行最终确定。

附录 3　水质监测机构质量控制指标

——水样测定值的精密度和准确度允许值

（来源《水和废水监测分析方法 第四版增补版》）

编号	项目	样品含量范围/(mg/L)	精密度/%		准确度/%			适用的监测分析方法
			室内/$(d_i/\bar{x})$	室间/$(d_i/\bar{x})$	加标回收率	室内相对误差	室间相对误差	
1	氨氮	0.02～0.1	≤20	≤25	90～110	≤±10	≤±15	纳氏试剂分光光度法，水杨酸-次氯酸盐光度法
		0.1～1.0	≤15	≤20	95～105	≤±5	≤±10	纳氏试剂分光光度法，水杨酸-次氯酸盐光度法
		>0.1	≤10	≤15	90～110	≤±5	≤±10	滴定法、电极法

（续表）

编号	项目	样品含量范围/(mg/L)	精密度/%		准确度/%			适用的监测分析方法
			室内/$(d_i/\bar{x})$	室间/$(d_i/\bar{x})$	加标回收率	室内相对误差	室间相对误差	
2	亚硝酸盐氮	<0.05	≤20	≤25	85～115	≤±15	≤±20	N-(1-萘基)-乙二胺光度法
		0.05～0.20	≤15	≤20	85～105	≤±5	≤±10	离子色谱法，N-(1-萘基)-乙二胺光度法
		>0.2	≤10	≤15	95～105	≤±5	≤±10	离子色谱法
3	硝酸盐氮	<0.5	≤25	≤30	85～115	≤±15	≤±20	酚二磺酸分光光度法，离子色谱法，紫外分光光度法
		0.5～4.0	≤20	≤25	90～110	≤±10	≤±15	酚二磺酸分光光度法，离子色谱法
		>4	≤15	≤20	95～110	≤±10	≤±15	戴氏合金还原法
4	凯氏氮	<0.5	≤30	≤40	—	≤±15	≤±20	经消解、蒸馏，用纳氏试剂比色法或滴定法测定后，换算为氮的含量
		>0.5	≤25	≤30	—	≤±10	≤±15	同上
5	总氮	0.025～1.0	≤10	≤15	90～110	≤±10	≤±15	过硫酸钾氧化-紫外分光光度法
		>1.0	≤5	≤10	95～105	≤±5	≤±10	同上
6	总磷	<0.025	≤25	≤30	85～115	≤±15	≤±10	钼锑抗分光光度法，离子色谱法
		0.025～0.600	≤10	≤15	90～110	≤±10	≤±15	同上
		>0.6	≤5	≤10	90～110	≤±10	≤±10	离子色谱法
7	高锰酸盐指数	<2.0	≤25	≤30	—	—	—	酸性法，碱性法
		>2.0	≤20	≤25	—	—	—	同上
8	溶解氧	<4.0	≤10	≤15	—	—	—	碘量法，膜电极法，便携式溶解氧仪法
		>4.0	≤5	≤10	—	—	—	同上

（续表）

编号	项目	样品含量范围/(mg/L)	精密度/%		准确度/%			适用的监测分析方法
			室内/($d_i/\bar{x}$)	室间/($d_i/\bar{x}$)	加标回收率	室内相对误差	室间相对误差	
9	化学需氧量	5～50	≤20	≤25	—	≤±15	≤±20	重铬酸钾法
		50～100	≤15	≤20	—	≤±10	≤±15	同上
		＞100	≤10	≤15	—	≤±5	≤±10	同上
10	五日生化需氧量	＜3	≤25	≤30	—	≤±25	≤±30	稀释法(20 ℃±1 ℃)
		3～100	≤20	≤25	—	≤±20	≤±25	同上
		＞100	≤15	≤20	—	≤±10	≤±15	同上
11	氟化物	＜1.0	≤15	≤20	90～110	≤±10	≤±15	离子选择电极法，氟试剂光度法，离子色谱法
		＞1.0	≤10	≤15	95～105	≤±5	≤±10	离子选择电极法，氟试剂光度法，离子色谱法
12	硒	＜0.01	≤25	≤30	85～115	≤±15	≤±20	荧光分光光度法，原子荧光法
		＞0.01	≤20	≤25	90～110	≤±10	≤±15	荧光分光光度法，原子荧光法
13	总砷	＜0.05	≤20	≤30	85～115	≤±15	≤±20	新银盐光度法，Ag-DDC 光度法
		＞0.05	≤10	≤15	90～110	≤±10	≤±15	Ag-DDC 光度法
14	总汞	≤0.001	≤30	≤40	85～115	≤±15	≤±20	冷原子吸收法，冷原子荧光法
		0.001～0.005	≤20	≤25	90～110	≤±10	≤±15	冷原子吸收法，冷原子荧光法
		＞0.005	≤15	≤20	90～110	≤±10	≤±15	冷原子吸收法，冷原子荧光法，双硫腙光度法

（续表）

编号	项目	样品含量范围/(mg/L)	精密度/%		准确度/%			适用的监测分析方法
			室内/$(d_i/\bar{x})$	室间/$(d_i/\bar{x})$	加标回收率	室内相对误差	室间相对误差	
15	总镉	≤0.005	≤20	≤25	85～115	≤±15	≤±20	原子吸收法，石墨炉原子吸收法
		0.005～0.100	≤15	≤20	90～110	≤±10	≤±15	双硫腙光度法，阳极溶出伏安法
		>0.1	≤10	≤15	90～110	≤±10	≤±15	原子吸收法，示波极谱法
16	铬(六价)及总铬	≤0.01	≤15	≤20	85～115	≤±10	≤±15	二苯碳酰二肼光度法
		0.01～1.00	≤10	≤15	90～110	≤±5	≤±10	同上
		>1.00	≤5	≤15	90～110	≤±5	≤±10	硫酸亚铁铵滴定法
17	总铅	≤0.05	≤30	≤35	80～120	≤±15	≤±20	石墨炉原子吸收法，离子交换原子吸收法
		0.05～1.00	≤25	≤30	85～115	≤±10	≤±15	双硫腙光度法，阳极溶出伏安法，原子吸收法
		>1.0	≤15	≤20	90～110	≤±8	≤±15	原子吸收法
18	总氰化物	≤0.05	≤20	≤25	85～115	≤±15	≤±20	异烟酸-吡唑啉酮光度法，吡啶-巴比妥酸光度法
		0.05～0.50	≤15	≤20	90～110	≤±10	≤±15	同上
		>0.50	≤10	≤15	90～110	≤±10	≤±15	硝酸盐滴定法
19	挥发酚	≤0.05	≤25	≤30	85～115	≤±15	≤±20	4-氨基安替比林光度法
		0.05～1.00	≤15	≤20	90～110	≤±10	≤±15	4-氨基安替比林光度法
		>1.0	≤10	≤15	90～110	≤±10	≤±15	溴化容量法，4-氨基安替比林光度法

（续表）

编号	项目	样品含量范围/(mg/L)	精密度/%		准确度/%			适用的监测分析方法
			室内/($d_i/\bar{x}$)	室间/($d_i/\bar{x}$)	加标回收率	室内相对误差	室间相对误差	
20	阴离子表面活性剂	≤0.2	≤2	≤30	80～120	≤±20	≤±25	亚甲基蓝分光光度法
		0.2～0.5	≤20	≤25	85～115	≤±15	≤±20	同上
		>0.5	≤20	≤25	85～110	≤±10	≤±15	同上
21	总硬度(以 $CaCO_3$ 计)	<50	≤15	≤20	90～110	≤±10	≤±15	EDTA 滴定法
		>50	≤10	≤15	95～105	≤±5	≤±10	同上

附录 4　常用地表水水质监测项目数据结果有效位数的要求

（来源《国家地表水环境质量监测网监测任务作业指导书》（试行））

序号	分析项目	分析方法	方法检出限	样品含量	数据结果有效位数要求
1	高锰酸盐指数	酸性法/碱性法	0.5 mg/L	<100 mg/L	保留至小数点后一位
				≥100 mg/L	保留三位有效数字
2	化学需氧量	重铬酸钾法	5 mg/L		报整数且不超过三位有效数字
3	五日生化需氧量	稀释与接种法	0.5 mg/L	<100 mg/L	保留至小数点后一位
				≥100 mg/L	保留三位有效数字
4	氨氮	纳氏试剂分光光度法	0.03 mg/L	<10.0 mg/L	保留至小数点后两位
				≥10.0 mg/L	保留三位有效数字
5	总磷(以 P 计)	钼酸铵分光光度法	0.01 mg/L	<10.0 mg/L	保留至小数点后两位
				≥10.0 mg/L	保留三位有效数字
6	总氮(湖、库，以 N 计)	碱性过硫酸钾消解紫外分光光度法	0.05 mg/L	<10.0 mg/L	保留至小数点后两位
				≥10.0 mg/L	保留三位有效数字
7	铜、铅、锌、镉(可溶态)	电感耦合等离子体质谱法	铜 0.08 μg/L 铅 0.09 μg/L 锌 0.70 μg/L 镉 0.05 μg/L	—	小数点后最多位数不能超过方法检出限的小数位数，最多保留三位有效数字

（续表）

序号	分析项目	分析方法	方法检出限	样品含量	数据结果有效位数要求
8	铜、锌（可溶态）	电感耦合等离子体发射光谱法	铜 0.006 mg/L 锌 0.004 mg/L	—	小数点后最多位数不能超过方法检出限的小数位数，最多保留三位有效数字
9	锌（可溶态）	火焰原子吸收分光光度法	0.05 mg/L	＜10.0 mg/L	保留至小数点后两位
				≥10.0 mg/L	保留三位有效数字
10	铜、铅和镉（可溶态）	石墨炉原子吸收分光光度法	铜 0.0010 mg/L 铅 0.002 mg/L 镉 0.0001 mg/L	—	小数点后最多位数不能超过方法检出限的小数位数，最多保留三位有效数字
11	硒、砷、汞（总量）	原子荧光法	汞 0.04 μg/L	＜10.0 μg/L	保留小数点后两位
				≥10.0 μg/L	保留三位有效数字
			砷 0.3 μg/L 硒 0.4 μg/L	＜100 μg/L	保留小数点后一位
				≥100 μg/L	保留三位有效数字
12	总汞	冷原子吸收法	0.01 μg/L	＜10.0 μg/L	保留到小数点后两位
				≥10.0 μg/L	保留三位有效数字
13	砷、硒（总量）	电感耦合等离子体质谱法	砷 0.2 μg/L 硒 0.4 μg/L	＜100 μg/L	保留到小数点后一位
				≥100 μg/L	保留三位有效数字
14	氟化物（以 F^- 计）	离子色谱法	0.006 mg/L	＜1.00 mg/L	保留至小数点后三位
				≥1.00 mg/L	保留三位有效数字
		离子选择电极法	0.05 mg/L	＜10.0 mg/L	保留至小数点后两位
				≥10.0 mg/L	保留三位有效数字
15	六价铬	二苯碳酰二肼分光光度法	0.004 mg/L	＜1.00 mg/L	保留至小数点后三位
				≥1.00 mg/L	保留三位有效数字
16	氰化物	异烟酸-吡唑啉酮分光光度法	0.004 mg/L	＜1.00 mg/L	保留至小数点后三位
				≥1.00 mg/L	保留三位有效数字
		异烟酸-巴比妥酸分光光度法	0.001 mg/L	＜1.00 mg/L	保留至小数点后三位
				≥1.00 mg/L	保留三位有效数字
17	挥发酚	4-氨基安替比林萃取分光光度法	0.000 3 mg/L	＜0.100 mg/L	保留至小数点后四位
				≥0.100 mg/L	保留三位有效数字
18	石油类	红外分光光度法	0.01 mg/L	＜10.0 mg/L	保留至小数点后两位
				≥10.0 mg/L	保留三位有效数字

（续表）

序号	分析项目	分析方法	方法检出限	样品含量	数据结果有效位数要求
19	阴离子表面活性剂	亚甲蓝分光光度法	0.05 mg/L	<10.0 mg/L	保留至小数点后两位
				≥10.0 mg/L	保留三位有效数字
20	硫化物	亚甲基蓝分光光度法和分子气相吸收光谱法	0.005 mg/L	<1.00 mg/L	保留至小数点后三位
				≥1.00 mg/L	保留三位有效数字
21	粪大肠菌群	多管发酵法	—	<100 MPN/L	按实际有效位数保留
				≥100 MPN/L	科学计数法
		纸片快速法	—	<100 MPN/L	保留两位有效数字
				≥100 MPN/L	科学计数法
22	叶绿素 a	分光光度法	2 μg/L	—	报整数且不超过三位有效数字
23	硝酸盐、亚硝酸盐	离子色谱法	0.02 mg/L	<1 mg/L	保留至小数点后三位
				≥1 mg/L	保留三位有效数字
24	硝酸盐	紫外分光光度法	0.08 mg/L	—	小数点后最多位数不能超过方法检出限的小数位数，最多保留三位有效数字
25	亚硝酸盐	分光光度法	0.003 mg/L	—	结果以三位小数表示
26	硫酸盐	离子色谱法	0.03 mg/L	<1 mg/L	保留至小数点后三位
				≥1 mg/L	保留三位有效数字
27	氯化物	离子色谱法	0.008 mg/L	<1 mg/L	保留至小数点后三位
				≥1 mg/L	保留三位有效数字
28	铁、锰	火焰原子吸收分光光度法	铁 0.03 mg/L 锰 0.01 mg/L	—	小数点后最多位数不能超过方法检出限的小数位数，最多保留三位有效数字
		电感耦合等离子体发射光谱法	铁 0.01 mg/L（水平） 锰 0.01 mg/L（水平） 铁 0.02 mg/L（垂直） 锰 0.004 mg/L（垂直）	—	小数点后最多位数不能超过方法检出限的小数位数，最多保留三位有效数字

（续表）

序号	分析项目	分析方法	方法检出限	样品含量	数据结果有效位数要求
29	铁、锰	电感耦合等离子体质谱法	铁 0.82 μg/L（水平） 锰 0.12 μg/L（水平）	—	小数点后最多位数不能超过方法检出限的小数位数，最多保留三位有效数字
30	硅酸盐	硅钼蓝分光光度法	0.030 mg/L	＜1.00 mg/L	保留至小数点后两位
				≥1.00 mg/L	保留三位有效数字

附录 5　监测人员素质要求参考表单

附表 5-1　人员能力确认记录表

姓　名		性　别		出生年月	
工作时间		技术职称		任职岗位	
所学专业		最高学历			
毕业时间		毕业院校			
工作经历					

（续表）

培训经历	

能力资格考核确认：

技术负责人：　　日期：

能力资格确认：

主任：　　日期：

备注	

附表 5-2 监测人员持证上岗资格认定表

姓名		性别		职称		学历		出生年月	
从事监测工作年限	年	所在部门							

序号	项目类别	项 目	方法依据	已持证情况	是否同意持证

技术负责人(签名):

单位(盖章):

附表 5-3　年度培训计划表

培训分类	培训对象	培训内容	培训目标	时间	培训老师	培训方式	考核办法	负责部门	实施情况

编制人：　　　　日期：　　　　批准人：　　　　日期：

附表 5-4　培训申请表

申请人		所在部门	
职务		申请日期	
培训对象 共______人			
培训方式 及 时 间			
培训目标			
培训内容			
申请部门 负责人意见		签名：	年　月　日
申请部门 分管负责人意见		签名：	年　月　日
监测机构最高 管理者意见		签名：	年　月　日

附表 5-5　培训记录表

培训时间		培训老师	
培训地点		培训方式	
培训主题			
培训内容摘要			
参加培训人员签到			
组织部门效果评价			

附表 5-6　员工培训履历表

姓　名			所在部门		
职务/职称			入职时间		
学　历			专　业		
培训日期	培训项目	培训内容	培训结果	证书号	备注

附表 5-7　人员档案卡

登记日期：　　　　　　　　　　　　　　　　　　　　　员工编号：

姓　名		性　别		出生年月	
工作时间		所学专业		最高学历	
毕业时间		毕业院校		任职岗位	

监测专业资格、职称证书登记表

证件号	发证单位	级别	有效期	复印件	原件

序号	主要工作经历
	能力资格的确认： 监测机构最高管理者签名：　　　　　　　日期：
备注	

附录 6　监测仪器管理与定期检查参考表单

附表 6-1　年度仪器设备检定计划表

第　　页 共　　页

序号	仪器设备名称及型号	统一编号	测量范围	原检定证书编号	有效期	检定机构	计划检定时间	溯源方式	备注

编制：　　　　审核：　　　　批准：

日期：　　　　日期：　　　　日期：

附表 6-2　仪器自校验报告

仪器名称	
仪器型号	
仪器编号	
标准(校准)器具	
自校验依据	

校准结果：

自校验结论：

校 准 人：
批 准 人：
校准日期：
有效期至：

附表 6-3　仪器设备检定/校准结果确认单

名　称		规格型号	
统一编号		检定(校准)时间	
检定 (校准) 参数			
仪器 责任 人确 认意 见	签字：　　　年　月　日		
技术 负责 人确 认意 见	签字：　　　年　月　日		

（续表）

仪器名称		统一编号	
仪器 适用 项目			
仪器 适用 标准 方法			

附表 6-4 不符合工作处理报告

责任部门		
不合格事实描述及判定	不合格类型:A(体系性)□ B(实施性)□ C(效果性)□ 不合格判定:A(严重不合格)□ B(一般不合格)□ 事实描述: 发现人员: 日期:	
不合格原因分析	责任人: 日期: 部门负责人: 日期:	
纠正计划	责任人: 日期:	审核意见(严重不合格) 技术负责人: 日期:
纠正计划完成情况	经 办 人: 日期:	
纠正验证	发现人员: 日期:	

附表 6-5　仪器期间核查记录

检查日期	年　　月　　日	环境条件	
仪器型号		仪器编号	

色谱条件：

1. 标准曲线

浓度/(μg/mL)					
峰面积/峰高					

标准曲线方程及相关系数：　　　$r=$

2. 检出限

测量次数							进样量
测量结果							

3. 定量重复性　$RSD(\%)=\sqrt{\sum_{i=1}^{n}(x_i-\overline{X})^2/(n-1)}\times\frac{1}{\overline{x}}\times 100\%=$

测量次数						
测量结果						

4. 基线噪声	
5. 基线漂移	
附注	
结论	

操作：　　　　　　　　复核：

附表 6-6　仪器设备使用登记表

仪器设备名称：　　　　　　　　　　　　　　　　　　　　编号：

序号	使用日期	使用环境		使用时间、状态		工作内容(分析项目、样品类型)	使用人	异常情况描述
		温度/℃	相对湿度/%	开机时间状态	关机时间状态			

附表 6-7　仪器设备领(借)用登记表

仪器名称	仪器编号	仪器领(借)用情况				仪器返还情况			备注
		领(借)用人	领(借)用日期	领(借)用时状态	技术负责人批准	归还日期	接收状态	仪器设备责任人确认	

附表 6-8　仪器设备维护保养记录

仪器设备名称：　　　　　　　　　　　　　　　　　　　　仪器编号：

日期	描述	维护保养内容	评价	责任人	备注

附表 6-9　仪器设备维修申请表

<table>
<tr><td>仪器设备名称</td><td></td><td>准确度或不确定度</td><td></td></tr>
<tr><td>型 号规 格</td><td></td><td>编　号</td><td></td></tr>
<tr><td>购置日期</td><td></td><td>金　额</td><td></td></tr>
<tr><td>故障分析</td><td colspan="3">操作人签字：　　　　　　　　　　日期：　年　月　日</td></tr>
<tr><td>维修方式
及 费 用</td><td colspan="3">部门负责人签字：　　　　　　　　日期：　年　月　日</td></tr>
<tr><td>仪器设备
管理员
意　见</td><td colspan="3">签字：
日期：</td></tr>
<tr><td>分管部门
负责人意见</td><td>签字：
日期：</td><td>技术负责人
意　见</td><td>签字：
日期：</td></tr>
<tr><td>监测机构最高
管理者意见</td><td colspan="3">签字：
日期：</td></tr>
</table>

附表 6-10　仪器设备维修记录表

仪器设备名称：　　　　　　　　　　　　　　　　　　　　　编号：

日期	故障维修描述	维修方式	维修结果评价	责任人

附表 6-11 仪器报废(停用)单

名　称			出厂日期		
申请部门			规格型号		
统一编号			生产厂家		
规定使用年限		已使用年限		大修次数	
原　值		折　旧		净　值	
报废理由	操作人员：				
参加鉴定者意见	监测部门负责人：		仪器设备管理员：		
技术负责人意见	签字：			年　月　日	
监测机构最高管理者意见	签字：			年　月　日	

附表 6-12　仪器设备年度采购计划

申购日期	申购部门	仪器设备名称	规格型号	技术参数	数量(台)	生产厂家	要求交货时间

编制：　　　　审核：　　　　批准：
日期：　　　　日期：　　　　日期：

附表 6-13　仪器设备验收报告

<table>
<tr><td>设备名称</td><td colspan="3"></td></tr>
<tr><td>型号规格</td><td></td><td>仪器号</td><td></td></tr>
<tr><td>精度等级</td><td></td><td>数　　量</td><td></td></tr>
<tr><td>国别、生产厂家</td><td></td><td>金　　额</td><td></td></tr>
<tr><td>验收时间</td><td></td><td>验收人员</td><td></td></tr>
<tr><td>验收结果</td><td colspan="3">仪器设备管理员：　　　　日期：</td></tr>
<tr><td>结果评价</td><td colspan="2">申购部门负责人：
日　期：</td><td>技术负责人：
日　期：</td></tr>
<tr><td>附件说明</td><td colspan="3"></td></tr>
<tr><td>备注</td><td colspan="3"></td></tr>
</table>

附表 6-14　仪器设备总表

序号	名称	规格型号	生产厂家	出厂编号	购置日期	统一编号	存放地点	责任人	备 注

附表 6-15　标准物质年度采购计划

序号	标准物质名称	类别	浓度范围	介质	数量	生产厂	申购部门	申购日期

制表人：　　日期：　　技术负责人：　　日期：　　最高管理者：　　日期：

附表 6-16　采购申请表

采购类别：□办公用品　□固定资产　□化玻试剂　□标准物资　□耗材　□其他

序号	名称	规格型号	数量	技术要求	交货日期	用途	计划资金	库存

计划资金合计：	
申购部门意见： 签字： 日期：	仓库管理人员意见： 签字： 日期：
技术负责人意见： 签字： 日期：	分管业务领导意见： 签字： 日期：
财务意见： 签字： 日期：	分管财务领导意见： 签字： 日期：
最高管理者意见： 签字： 日期：	
备注：	

附表 6-17　主要标准物质表

第　　页　　共　　页

序号	名称	编号	型号规格	准确度等级/不确定度	数量	有效期	生产厂	备注

附表 6-18 标准物质领用情况表

序号	标准物质名称	编号	浓度范围	领用数量(支)	领用人	日期	用途	备注

附表 6-19　标准物质期间核查记录表

核查日期：

序号	部门	标准物质名称	编 号	有效期限	标准值浓度范围	使用人	用途	是否合格	备注

核查人：　　　　　　校核人：　　　　　　审核人：

附表 6-20　化学试剂领用登记表

日期	名称	规格	单位	数量	签字

附表 6-21　玻璃器皿领用登记表

日期	名称	规格	单位	数量	签字

附录7 规范性引用文件

本标准引用了下列文件、书籍或其中的条款。凡是不注日期的引用文件，其有效版本适用于本标准。

GB/T 14581 水质 湖泊和水库采样技术指导

HJ 164 地下水环境监测技术规范

HJ 493 水质采样 样品的保存和管理技术规定

HJ 494 水质采样技术指导

HJ 495 水质采样方案设计技术规定

HJ 91.1 污水监测技术规范

HJ 91.2 地表水环境质量监测技术规范

HJ/T 52 水质 河流采样技术指导

HJ/T 92 水污染物排放总量监测技术规范

GB/T 6682 分析实验室用水规格和试验方法

《水和废水监测分析方法》(第四版增补版)

《环境水质监测质量保证手册》(第二版)

《国家地表水环境质量监测网监测任务作业指导书》(试行)(环办监测函〔2017〕249号)

《全球环境监测系统水监测操作指南》

HJ 194 环境空气质量手工监测技术规范及修改单

GB/T 16157 固定污染源排气中颗粒物测定与气态污染物采样方法及修改单

GB 5468 锅炉烟尘测试方法

GB 16297 大气污染物综合排放标准

GB 9078 工业炉窑大气污染物排放标准

HJ/T 397 固定源废气监测技术规范

HJ/T 55 大气污染物无组织排放监测技术导则

HJ 732 固定污染源废气 挥发性有机物的采样 气袋法

HJ 1221 环境空气 降尘的测定 重量法

HJ 1262 环境空气和废气 臭气的测定 三点比较式臭袋法

HJ 38 固定污染源废气 总烃、甲烷和非甲烷总烃的测定 气相色谱法

HJ 479 环境空气 氮氧化物(一氧化氮和二氧化氮)的测定 盐酸萘乙二胺分光光度法

及修改单

HJ 481 环境空气 氟化物的测定 石灰滤纸采样氟离子选择电极法

HJ 482 环境空气 二氧化硫的测定 甲醛吸收-副玫瑰苯胺分光光度法及修改单

HJ 533 环境空气和废气 氨的测定 纳氏试剂分光光度法

HJ 547 固定污染源废气 氯气的测定 碘量法

HJ 549 环境空气和废气 氯化氢的测定 离子色谱法

HJ 583 环境空气 苯系物的测定 固体吸附/热脱附-气相色谱法

HJ 584 环境空气 苯系物的测定 活性炭吸附/二硫化碳解吸-气相色谱法

HJ 604 环境空气 总烃、甲烷和非甲烷总烃的测定 直接进样-气相色谱法

HJ 618 环境空气 PM_{10}和$PM_{2.5}$的测定 重量法及修改单

HJ 644 环境空气 挥发性有机物的测定 吸附管采样-热脱附/气相色谱-质谱法

HJ 732 固定污染源废气 挥发性有机物的采样 气袋法

HJ 759 环境空气 挥发性有机物的测定罐采样/气相色谱-质谱法

HJ 836 固定污染源废气 低浓度颗粒物的测定 重量法

HJ 955 环境空气 氟化物的测定 滤膜采样/氟离子选择电极法

HJ 956 环境空气 苯并[a]芘的测定 高效液相色谱法

《空气和废气监测分析方法》(第四版)

GB 12348 工业企业厂界环境噪声排放标准

GB 12523 建筑施工场界环境噪声排放标准

GB 12525 铁路边界噪声限值及其测量方法及修改方案

GB 22337 社会生活环境噪声排放标准

GB 3096 声环境质量标准

HJ 640 环境噪声监测技术规范 城市声环境常规监测

HJ 706 环境噪声监测技术规范 噪声测量值修正

HJ/T 166 土壤环境监测技术规范

HJ/T 91 地表水和污水监测技术规范(4.3 底质的监测点位和采样)

HJ 494 水质 采样技术指导(4.4 底部沉积物采样)

HJ/T 20 工业固体废物采样制样技术规范

HJ 1222 固体废物 水分和干物质含量的测定 重量法

RB/T 214 检验检测机构资质认定能力评价 检验检测机构通用要求

《检验检测机构资质认定生态环境监测机构评审补充要求》

《检验检测机构资质认定管理办法》

GB/T 17989.2　控制图 第 2 部分常规控制图

GB/T 27417 合格评定 化学分析方法确认和验证指南

GB/T 4883　数据的统计处理和解释 正态样本离群值的判断和处理

GB/T 8170　数值修约规则与极限数值的表示和判定

HJ 168 环境监测分析方法标准制订技术导则

HJ 630 环境监测质量管理技术导则

TSG R0003　简单压力容器安全技术监察规程

RB/T 208　化学监测机构内部质量控制 比对试验